알기 쉬운
기구학

박병규 편저

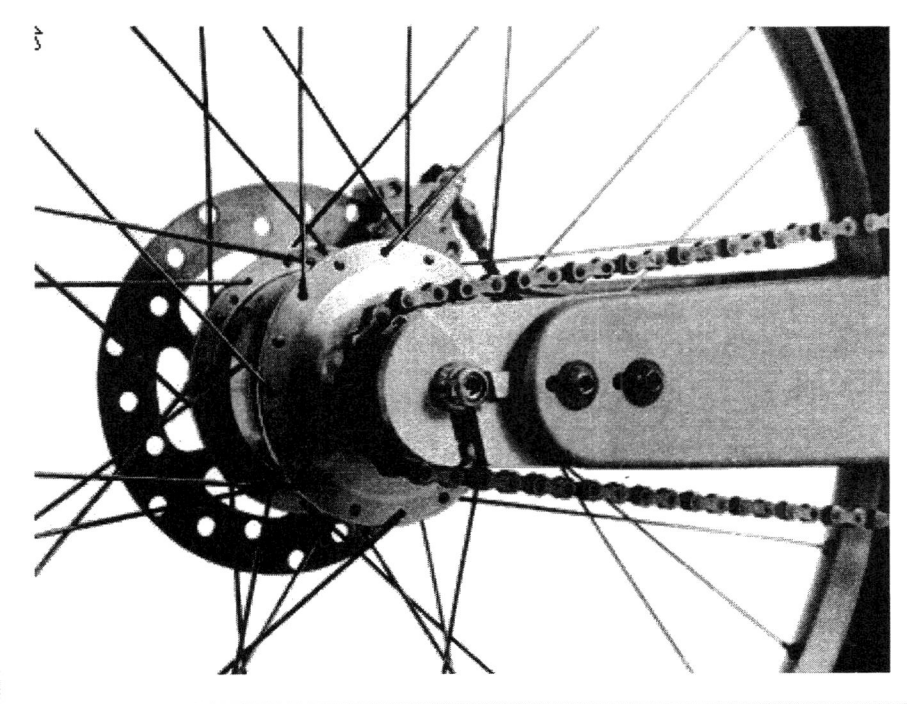

기전연구사

첫머리에

메커니즘 발명에 도전해 보자!

　나는 메커니즘에 약하니까 메커니즘적인 발명은 할 수 없다고 처음부터 체념하고 있는 사람은 없는 것일까.
　확실히 움직이고, 움직이게 하는 발명을 할 때, 어떻게 하면 마음 먹은대로의 움직임이 얻어질까 하고, 해결에 대해서 걱정을 한다.
　또, 아무리 해도 할 수 없다고 내버려 두는 일이 자주 있다.
　그러나 기구학(機構學)이라고 하는 어려운 이론이나 계산에 약하더라도, 메커니즘은 소용이 없다고 체념하고 있는 사람에게도 쉽사리 메커니즘적인 발명은 가능한 것이다.
　그것은 옛날부터 많은 학자들이나 기술자들이 여러가지 움직이는 구조를 생각해서, 현재의 기계나 도구 중에 남아 있기 때문이다.
　복잡한 구조를 가진 자동차나 비행기, 혹은 옛날의 대발명이라도, 그 움직이고, 움직이게 하는 구조를 새로 생각해 낸 것은 아니고, 기존의 기구 중에서 적당한 구조를 골라 내서, 다시 짜맞추고 조합해서 다른 작용 효과를 내도록 한 것이다.
　그런데, 막상 발명을 하려고 할 때, 그것이 이미 알려져 있는 원리나 기구를, 바로 생각해 내지 못해서 며칠씩이나 머리를 짜내는 것이다.
　그러므로, 옛날부터 있던 구조 방법을 하나라도 더 많이 알고, 생각해 낼 수 있으면, 이러한 움직임은 저 구조였다고 즉석에서 희망하는 발명이 해결될 것이다.
　그래서, 이 책에서는 옛날부터 알려져 있는 기구나 그 응용을 되도록 설명을 해서 뇌의 어느 한구석에서 잠자고 있는 지식을, 아 그랬던가…
…하고 생각해 내고, 창조할 때의 쓸데 없는 수고를 적게 해서 메커니즘

에 약하다고 생각하는 사람에게도 메커니즘적 발명에 계속 도전해 줄 것을 염원으로 하였다.

  이것에 의해서, 하나라도 메커니즘적 발명을 할 수 있었다고 하는 사람이 나타나거나, 막혀 있던 발명의 흐름을 어느 정도라도 이해할 수 있다면 기대 이상의 행운이라 하겠다.

  끝으로, 이 책을 만드는데 임해서 참고해 준 저자, 자료의 제공을 아낌없이 해 줬던 각 회사에 여기서 깊이 사의를 표하는 바이다.

  독자로부터의 의견을 포함해서 내용을 약간 증보해서 2판으로 간행하였다. 보다 더욱 이용해 줄 것을 당부하는 바이다.

저 자

차   례

제1부 발명과 기구

- 움직이는 장치의 필요성 ··· 1
    - 계속 움직이는 지구 /1
    - 도구의 시초 /1
    - 산업혁명 /2
- 발명과 메커니즘 ··· 2
    - 장치가 움직이는 조건 /2
    - 기구의 변환 /4
- 기구학이라고 하는 학문 ··· 4
    - 장치의 조합 /4
    - 네모난 바퀴가 돌았다 /5
    - 기구학(문구학) /6
- 용어의 약속 ··· 7
    - 운동과 기계 요소 /7
    - 운동의 전달법 /9

제2부 움직이는 메커니즘

- 직선적으로 움직이는 장치 ··· 11
    - 코일 용수철 ·· 11
        - 용수철의 사용법 /11
        - 용수철 저울 /12
        - 벨로즈의 용도 /12

- ⊙ 수압기의 원리 ································· 13
  - 유체의 기계 요소 /13
  - 파스칼의 원리 /14
  - 유체는 용수철 역할도 한다 /14
- ⊙ 흐느적거리는 동물 ····························· 15
  - 동물 완구의 구조와 작용 /15
  - 다른 발상 /17
- ● 회전운동을 회전으로 전하는 장치 ··············· 18
  - ⊙ 마찰바퀴 ································· 18
    - 마찰바퀴의 종류 /18
    - 마찰바퀴의 조합 방법 /19
  - ⊙ 기어 ····································· 20
    - 기어의 용도 /20
    - 각부의 명칭 /21
    - 크기와 잇수의 관계 /21
    - 이모양과 시험 제작 /22
  - ⊙ 기어의 종류 ······························· 23
    - 기어의 진보 /23
    - 축이 교차하는 기어 /24
    - 변형 기어 /25
  - ⊙ 기어열 ··································· 25
    - 기어의 조합 /25
    - 회전수의 비 /26
    - 트랜스미션의 움직임 /27
  - ⊙ 초로 Q의 기어열 ··························· 29
    - 초로 Q가 빠른 비밀 /29
    - 기어의 맞물림 /31
    - 기어 레이쇼의 관계 /31

차 례 vii

- ⊙ 3단으로 뚜껑이 열리는 학습기 ······································ 32
  - 결치(缺齒) 기어 /32
  - 3단 학습기의 연구 /33
- ⊙ 간이 애니메이션 ··· 34
  - 애니메이션의 연구 /34
- ● 회전운동과 직선운동을 조합한 장치 ································ 36
  - ⊙ 벨트 바퀴와 로프 바퀴 ·· 36
    - 벨트 바퀴의 기능 /36
    - 벨트 바퀴의 사용법 /36
    - 로프 바퀴 /38
  - ⊙ 맵미터 ·· 38
    - 벨트의 대용 /38
    - 맵미터의 구조 /39
  - ⊙ 소거 조작이 불필요한 서사판(書寫版) ························ 40
    - 서사판을 지우는 방법 /40
    - 소거 조작이 불필요한 연구 /41
  - ⊙ 두루마리 학습기 ·· 42
    - 벨트의 다른 용도 /42
    - 학습기의 연구 /42
    - 연구의 포인트 /43
  - ⊙ 랙과 피니언 ··· 44
    - 랙의 구조 /44
    - 랙의 종류 /44
    - 맹글 2중 랙 /46
  - ⊙ 3단 학습기 ·· 47
    - 이가 없는 랙 /47
    - 학습기의 구조 /47
  - ⊙ 카드 학습기 ··· 49

- 랙에 대한 또 하나의 연구 /49
- 연구를 거듭한다 /51

◉ 나사 ·· 51
- 나사의 구조 /51
- 나사의 종류 /51
- 나사의 사용법 /52
- 수동 도르래 /52

◉ 나선 지레 ·· 53
- 나선 막대의 작용 /53
- 1보다 작은 힘으로 움직일 수 있다 /54

◉ 링크 장치 ·· 54
- 링크 장치의 구조 /54
- 링크 장치의 종류 /55

◉ 팬터그래프 ··· 56
- 팬터그래프의 구조 /56
- 팬터그래프의 용도 /58
- 구구 체조 /59

◉ 세로형 팬터그래프의 연구 ························ 60
- 팬터그래프의 결점 /60
- 정석을 알자 /61

◉ 크랭크의 응용 ······································ 62
- 가솔린 엔진의 구조 /62
- 발명 상담 /63
- 급속 귀환 기구 /63
- 크랭크의 이용 /64

◉ 크랭크 완구 ··· 65
- 재미있는 것의 관찰 /65
- 구조를 하나 더 가한다 /66

- ⊙ 미니어처 영화관 ·· 66
  - 크랭크의 이용 연구 /66
- ⊙ 캠의 구조 ·· 68
  - 평판 캠 /68
  - 직선운동 캠 /70
- ⊙ 입체 캠 ·· 70
  - 홈을 판 캠 /70
  - 사판 캠 /72
- ⊙ 요동하는 캠 ··· 72
  - 흔들리는 캠 /72
  - 역 캠 /73
- ⊙ 캠의 이용 ·· 74
  - 판금 머신의 연구 /74
  - 스탬프 머신과 시어링 머신 /76
- ● 속도와 일의 크기를 바꾸는 장치 ································ 77
  - ⊙ 길이의 확대 ·· 77
    - 운동량을 바꾼다 /77
    - 수준기와 수압기 /78
  - ⊙ 일량의 확대(증폭) ·· 78
    - 지렛대의 발견 /78
    - 토글 조인트 /79
    - 도르래의 발명 /81
    - 복합도르래의 구조 /82
    - 윈들러스 /82
  - ⊙ 확대 기구의 연구 ··· 83
    - 미터 학습기 /83
    - 학습기의 구조 /84
- ● 간헐 운동 장치 ·· 85

- 래칫 ·· 85
  - 한쪽으로만 도는 장치 /85
  - 클릭과 랙의 조합 /86
- 핸드 카운터 ··· 87
  - 숫자 끌어 올리기에 대한 연구 /87
  - 카운터의 구조 /88
- 에스케이프먼트 ···································· 89
  - 제어 장치 /89
  - 크라운 휠 에스케이프 /90
- 제네바 스톱 ·· 91
  - 제네바 스톱의 여러 가지 /91
  - 역전 제네바 /92
  - 원판 제네바 스톱 /92
- 탄발 동력의 제어 기구 ·························· 93
  - 프라잉 진자 /93
  - 프라잉 시계 /94
  - 태엽의 제어 /95
- 움직이는 시계의 연구 ··························· 96
  - 고무 동력 시계 /96
- 풀베는 낫의 학습기 ······························ 98
  - 프라잉 진자의 이용 /98

● 계산을 할 수 있는 장치와 자석 장치 ············· 101
- 계산 기구 ·· 101
  - 가감산을 할 수 있는 장치 /101
  - 도르래가 움직이는 양 /102
- 케로온 가감산 연습기 ·························· 102
- 영구 자석 ·· 103
  - 자석의 종류 /103

- 세계에서 제일 강한 자석 /104
- 자력선의 통로 /105
- 자극의 대향 /106
◉ 전자석 ··· 107
- 전자석을 만드는 방법 /107
◉ 레이더 학습기 ·· 108
- 학습기의 구조 /108
- 답을 고르는 연구 /110
◉ 전자석 엔진 카 ······································· 110
- 전자석 카의 구조 /110
◉ 마그넷 모터 ·· 112
- 모터의 구조 /112
- 정역(正逆)의 변환 /114

제3부 발명·고안의 기술

● 꼭둑각시 인형 ·· 115
- 조작의 시작 /115
- 인형의 재현 /115
- 인형이 움직이는 방법 /117
- 동작의 구조 /117
● 조합의 묘(妙) ·· 118
- 필통의 수요 /118
- 필통 용기의 고안 /119
◉ 완구용 주사기의 고안 ······························· 120
- 액체를 기계 요소로 한다 /120
- 다른 이용법 /121
● 기체를 기계 요소로 한 포트 ······················· 122
- 공기도 기계 요소의 하나 /122

- 에어 포트의 구조 /123
● 코일 용수철의 색다른 사용법 ·· 124
  - 사용법으로 바꾼다 /124
  - 관찰해서 의문을 갖는다 /126
  - 용수철힘의 실험 /126
● 루빅 큐브 ·· 127
  - 루빅 큐브의 도래 /127
  - 일본에도 있었던 발명자 /128
  - 최초로 발명한 퍼즐 기구 /128
  - I씨의 3번째 퍼즐 기구 /129
  - 루빅 교수의 퍼즐 기구 /131
● 놀이터 완구의 고안 ··· 133
  - 자석과 크랭크의 조합 /133
● 소변을 보는 인형 ·· 134
  - 자력의 차를 이용 /134

제4부 발명에 도전

● 메커니즘의 명인 ··· 137
  - 메커니즘에 익숙해진다 /137
  - 메커니즘을 생각하는 비결 /137
  - 목을 흔드는 인형의 구조 /139
● 메커니즘을 알고 있는 사람은 벌이가 된다 ······························ 140
  - 메커니즘의 톱 러너 /140
  - 흉내가 새로운 연구를 낳는다 /141
● 발명 테마의 포착 방법 ··· 141
  - 교재 본연의 자세 /141
  - 교재 테마의 포착 방법 /143
● 메커니즘 발명을 생각하는 체크 리스트 ·································· 144

- 메커니즘 발명의 금언 /144
- 목적, 원동력, 기구 /144
- 체크 리스트의 시행 /145

● 발명의 프로세스 ································· 146
- 발명은 누구나 하고 있다 /146
- 자연류 발명술 /147

● 두뇌의 전환 ································· 148
- 생각하는 것을 습관으로 /148
- 발상 연습은 5감으로부터 /148
- 사용 용도를 바꾸어 본다 /149
- 무엇이라도 비교해 본다 /149

● 영구 운동에의 도전 ································· 150
- 영구 운동을 생각하는 사람 /150
- 아르키메데스의 양수기 /150

● 뇌의 지점 ································· 152
- 생각하면 만든다 /152
- 발명에 돈을 쓰지 말라 /152
- 특허의 공부 /153

● 발명의 실습 도장 ································· 154
- 일요 발명 학교 /154

● 특허를 배우는 세미나의 소개 ································· 154
- 권리를 지키는 제도 /154

제1부 발명과 기구

● 움직이는 장치의 필요성

• 계속 움직이는 지구

지구는 자전축(실제로는 축 같은 것은 없다)을 중심으로 자전하면서, 태양의 둘레를 공전하고 있다고 한다. 어떻게 이렇게도 무거운 물체가 아무런 동력도 없이 빙글빙글 돌면서 공중을 계속 날 수 있는 것일까. 더구나 지구의 역사는 50억년 이상이나 된다고 하니까, 그 동안 쉬지 않고 계속 움직이고 있는 것이다.

이러한 에너지를 만약 우리들이 얻을 수 있다면, 석유 쇼크도 에너지 절약도 필요 없을 것이라고 누구나가 다 생각한다. 그러나, 그것은 지구 밖으로 뛰쳐 나간 우주에서의 이야기이며, 인력이라든가 마찰이 있는 하계(下界)에서는 무리한 이야기이다.

그런데 하계에서의 인간의 생활에, 물질을 운반한다고 하는 소홀히 할 수 없는 일이 있어서 힘이 없는 인간의 수고가 시작되었다.

처음에는 손과 발에 의해서 모든 작업이 이루어졌는데, 무거운 것은 손에 들고 잔등이에 짊어질 수는 없었다. 그래서, 어떻게 하면 좋을지에 대해「생각하고」여러가지 도구를 사용하기에 이르렀다.

• 도구의 시초

지금으로부터 60만년에서 100만년도 더 이전에 생존하고 있던 인원(人猿)이, 이미 돌이나 동물의 뼈·뿔·이빨 등을 사용해서 각종 도구를 만들었다는 것이 알려져 있다.

게다가 「그 화석을 발견한 동굴 속에서 깨어진 비비의 두개골이 27개나 발견되었다. 그들은 아마도 곤봉과 같은 것으로 비비를 박살시켰을 것이다」라고 한다.

아무런 이론도 알지 못하는 원시인이, 주먹으로 때리는 것보다는 자루가 길고 단단한 곤봉으로 때리는 것이 외적에게 보다 큰 타격을 줄 수 있다고 하는 방법을 알고 있었는지도 모른다.

또 단일 기계로서의 지렛대, 윤축(輪軸)·사면 나사·풀리 등도 마찬가지로 생활의 필요 속에서 생겨난 것이라고 생각된다.

● 산업 혁명

이윽고, 물레방아나 풍차 등 자연의 힘을 이용한다는 것을 생각하여, 18세기 후반, 와트의 증기기관의 발명을 비롯해서 영국에서 일어난 산업혁명에 의해서, 방적·직물 등 많은 수작업이 기계화되어, 물레방아 시대로부터 큰 비약을 이룩하였다.

지금, 우리들은 전기나 원자력 등의 동력에 의해서 움직이는 기계나 자동차·비행기 혹은 우리 가까이의 움직이는 것에 의해서, 무거운 것을 드는 일 없이 원거리를 걷지 않아도 되는 풍요로운 생활을 할 수 있다.

그리고 더욱더 움직이는 장치의 필요성은 퍼져나가 새로운 기술의 발명이 계속되어 가고 있다.

● 발명과 메커니즘

● 장치가 움직이는 조건

이곳을 어떻게 해서 움직여야 할까?
어떻게 하면 목적하는 기능을 시킬 수 있을까?
발명의 첫발은 우선 이와 같은 의문에서 시작된다. 아무리 작은 발명이라도, 어딘가에 움직이는 부분이 있어서 그 움직임이 복잡하면 복잡

할수록, 며칠씩이나 시행착오를 반복하며, 그 중에는 아무리 해도 되지 않아서 내던지고 마는 경우조차 있다.

발명의 세계에서는 아무리 확실하게 결정된 원리·원칙이라도 그렇다고 믿어 버려서는 안된다고 하는 가르침이 있다. 그러나 그 가르침은 원리·원칙을 전면적으로 부정하라고 하는 것은 아니며, 위에서 또는 옆에서 바라다 보는 방향을 바꿔 보거나, 가설(假說)을 가해서 사고의 전환을 도모하라는 뜻이다.

특히 기구의 원리는, 어떤 결정된 운동을 하기 위해서, 그 장치에 몇 가지의 조건이 있어, 그것을 전면적으로 부정하거나, 필요한 조건을 하나라도 떼어 내면, 완전히 운동을 할 수 없게 되는 경우가 있다.

예를 들면, **그림 1**(a)의 크랭크와 피스톤으로 크랭크축이 회전하는 관계에 대해서 말하면,

1. 크랭크축은 회전 자유로 지지되어 있다.
2. 피스톤은 고정된 실린더 안을 상하로 슬라이딩한다.
3. 크랭크와 피스톤 사이에 로드를 걸쳐서, 각각 핀으로 회전 자유로 연결되어 있다.

지금 이들의 구성 조건을 하나라도 잘못해서 회전되는 부분을 고정하거나, 피스톤이 움직이지 않으면, 모든 운동은 할 수 없게 된다.

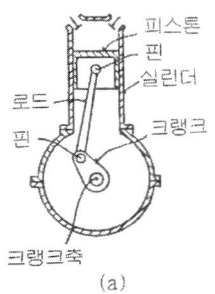 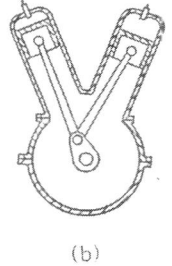

그림 1

- 기구의 변환

그러면, 이 크랭크와 피스톤의 관계는 이것뿐인가 하면 그렇지는 않다.

앞의 조건을 충족시킨 다음, 로드나 크랭크의 길이를 바꾸는 것은 가능하고, 또는 조건을 줄일 수 없다고 하면, 늘린다면 어떨까 하고, 또 1조의 실린더·피스톤·로드를 크랭크에 연결해 보면 **그림 1(b)**와 같은 엔진이 얻어진다.

또 2개의 기어의 맞물림에 대해서 말하면,
1. 이의 모양·크기·피치가 같다.
2. 2축간의 거리가 변하지 않는다.

이들의 조건을 만족시키면, 대소의 기어·같은 지름의 기어·또는 나중에 설명하는 4각 기어나 여러가지 변형 기어로 바꿀 수가 있어서, 움직이는 방법을 변화시킬 수 있다.

그 밖의 기구에서도 마찬가지이다. 따라서, 바꿀 수 없는 조건을 만족시키면서 각각의 장치를 조합해 가면, 발명하는 동안에 마음 먹은 대로 메커니즘을 편성할 수 있어, 목적하는 움직임이 얻어지는 것이다.

● 기구학이라고 하는 학문

- 장치의 조합

네모진 축에 각진 구멍의 차바퀴를 끼워도 차바퀴는 회전하지 않는다. 또 그와 같은 바보스러운 일을 하는 사람은 없을 것이다.

차바퀴는 역시 둥근 축구멍에 둥근 축을 끼워야만 잘 도는 차바퀴를 얻을 수 있다. 그러나 반대로, 돌아서는 곤란한 차바퀴의 축은 둥근 것이 아니고 네모진 모양으로 하지 않으면 안된다.

이와 같이 2개 이상의 것을 어떠한 모양으로 해서, 어떻게 조합시키면, 어떻게 운동해 주느냐의 장치를 연구하는 것이 기구학이라고 하는 학문이다.

우리들이 주변에서 흔히 볼 수 있는 나사나 기어 등 간단한 것부터, 공작기계·인쇄기·컴퓨터나 우주 로켓의 기계적 작동 부분 등, 복잡한 움직임을 하는 기계류는 모두 일정한 규정 속에 있는 장치를 능숙하게 조합한 것이다.

그러므로, 이들 알려져 있는 대부분의 장치를 모르면, 움직이고 싶은 발명을 생각하더라도 해결하는 것이 곤란하게 된다.

예를 들면, 한쪽의 속도를 3배·5배로 해서 다른 쪽에 전하고 싶다. 또는 이 원운동으로 상대에게 직선운동을 시키고자 생각해도, 그 장치를 자기 스스로 생각해 낸다는 것은 대단한 노력이 필요하다.

와트가 증기관을 발명했을 때, 회전 운동을 직선 운동으로 바꾸는데, 크랭크를 사용하면 바로 되는데, 다른 사람의 특허에 걸린다고 해서 그림 2와 같은 행성 기어를 수고 끝에 발명한 일은 유명하다.

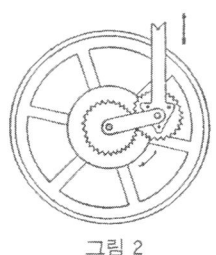

그림 2

그러나 현재는 이렇게 하면 이렇게 움직인다고 하는 장치는 조심성 없게 사용할 수 있으므로 대부분의 움직임은 어떠한 움직임을 시키고자 하는 목적과 움직이는 원동력이 결정되면 어떤 장치를 어떻게 조합시키면 되느냐고 하는 기구는 옛사람의 생각 속에서 용이하게 발견할 수 있다.

- 네모난 바퀴가 돌았다

장치의 조합은, 때로는 원리·원칙에 거슬러서 이렇게 하면 어떨까.

하는 가설을 세우는 일도 필요하다.

둥근 차바퀴는 둥근 축구멍에 둥근 축을 끼워야만 잘 돈다고 씌여 있는 것을 보고, 만약 차바퀴를 네모나게 하면 돌지 않을까 하고 의문을 가진 K씨는 즉시 **그림 3**과 같은 네모난 바퀴를 단 실패 탱크(戰車)를 만들었다.

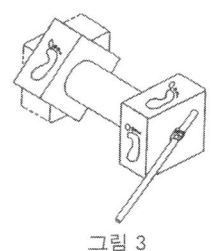

그림 3

고무를 한껏 감아서 책상 위에 놓았는데, 꿈쩍도 하지 않는다. 역시 움직이지 않자 탱크를 조금 들어 올리니, 네모진 모서리가 책상에 닿아서 덜컥하고 움직였다.

K씨는, 저거, 움직였어 하고, 양쪽 바퀴를 45도 어긋나게 바꿔 붙였다.

그랬더니, 한쪽의 차바퀴가 모서리에서 면으로 45도 움직이는 동시에, 또 한쪽이 45도 솟아 올라서 모서리가 접하게 되고, 덜그럭 덜그럭 목을 흔들면서 연속적으로 진행했던 것이다.

K씨는 이렇게 해서 완구를 만들었다.

되지 않을 것이라고, 머리로 생각하는 것만으로는 그대로 끝나고 만다. 그것을 시험 제작해서 실험해 보면, 거기에 생각지도 않은 방법이 발견되는 것이다.

- 기구학(機構學 ; 聞構學)

기구학에는 까다로운 규칙이나 공식 등이 많이 있으며, 훌륭한 전문서도 여러가지 발행되고 있다. 또 기계공학을 전공한 사람은 전문적 지식이 있어 고생스럽지 않지만, 그렇지 않은 사람은 이제부터 전문서와 맛붙는 것도 큰일이라고 생각한다. 그래서 이 책에서는 기구학이 아니고 듣는 학문(문구학)으로서, 이론은 간단하게, 공식이나 계산은 되도록 피해서, 운동 본연의 자세를 도해(圖解)해서, 그 구조를 어떻게 이용해서, 움직임이 있는 완구나 교재가 고안되어 있는지에 대해 설명하고, 독자의 발명·연구의 참고가 되도록 추진해 나간다.

● 용어의 약속

• 운동과 기계 요소

조금 딱딱하게 되지만, 이제부터 설명하는 운동의 구조나 실례의 설명을 간단히 알기 쉽게 하기 위해서 기구학 용어의 뜻을 몇 가지 약속해 두자.

이들의 용어는, 국민학교·중학교의 과학에도 나오는 말이므로, 알고 있는 사람은 읽지 않고 뛰어 넘어도 무관하다.

(ㄱ) 운동의 종류

물체가 어떤 위치에서 다른 위치로 옮기는 것을 운동이라고 하는데, 운동에는 다음의 3종류가 있다.

① 평면운동 ─┬─ 회전운동
　　　　　　└─ 선 운동 ─┬─ 직선운동
　　　　　　　　　　　　└─ 곡선운동

② 나선운동
③ 구면(球面) 운동

(ㄴ) 기계 요소와 대우

운동을 전하려면 적어도 2개의 부분이 필요한데, 이것이 1조가 되어서 서로 작용을 하게 된다.

예를 들면 차바퀴의 축과 베어링과 같은 것으로, 이 1조를 대우라고 하며, 대우를 만들고 있는 하나하나의 부품을 기계 요소라고 한다.

대우에는 차바퀴와 베어링과 같은 회전 대우, 내연기관의 실린더와 피스톤 같은 미끄점 대우, 볼트와 너트 같은 나사 대우, 및 볼 이음처럼 구면으로 작용하는 구면대우가 있다.

(ㄷ) 힘

물체가 운동하기 위해서는 무엇인가 물건에 작용하는 것이 있어야 한다. 그것이 **힘**이다.

힘에는 크기와 방향 및 작용점의 3가지 요소가 있다. 예를 들면, **그림 4** (a)와 같이 축으로 지탱되어 있는 레버(지렛대)에, 축심에서 떨어져서 힘 W가 작용하면, 레버는 화살표처럼 축의 둘레를 회전하려고 한다.

이 회전의 작용은 힘 W가 크면 클수록, 또 힘이 작용하는 점(작용점)이 축심에서 멀어지면 멀어질수록 커진다.

마치 스패너 등으로 볼트를 죄일 때 경험하는 동작과 같다.

이와 같이 회전하는 능력을 힘의 능률이라든가 **힘의 모멘트**라고 한다.

또 **그림 4** (b)의 핸들을 돌릴 때처럼, 크기가 같고, 방향이 반대로 작용하는 1쌍의 힘을 **짝힘(우력)**이라고 하며, 짝힘이 작용하면 물체는 회전운동을 한다.

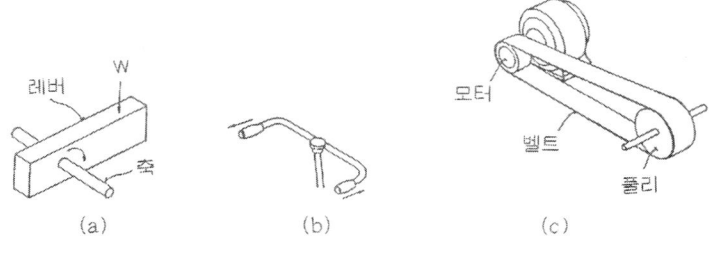

그림 4

(ㄹ) 원절(原節)과 종절(從節)

어떤 부품에서 다른 부품으로 운동이 전해지는 것은 대우 부분에서 기계 요소로부터 기계 요소로 각각 어울리는 운동이 전해지기 때문이다. 이 때 운동을 전하는 쪽의 기소를 원절(원동바퀴·원동절)이라 하고, 전해지는 쪽을 종절(피동바퀴·피동절)이라고 한다.

또, 그림 4 (c)와 같이 원절의 모터와 종절의 풀리 사이에 직접 운동을 전하지 않고 중간 역할을 하는 벨트와 같은 것이 있을 때, 이것을 간접전도(間接傳導)라고 하며, 중간 역할을 하는 절을 매개절(媒介節)이라고 한다.

- 운동의 전달법

(ㅁ) 운동 전달의 방식

원절에서 종절에 운동을 전하는 데에는 다음과 같은 방식이 있다.
① 직접 양자가 접촉해서 전하는 것(마찰바퀴·기어 캠 등)
② 매개절을 통해서 전하는 것(벨트 풀리·로프 풀리·링크·유체이음 등)
③ 공간을 사이에 두고 전하는 것(전기·자기의 작용)

또한 직접 접촉해서 전하는 것으로, 마찰바퀴, 기어와 같이 원절과 종절이 접촉 회전해서 전하는 것을 구름 접촉, 캠과 로드처럼 회전면 위를 미끄러져 운동을 전하는 것을 미끄럼 접촉이라고 한다.

이들 용어는 뒤에 설명하는 운동이나 실례의 설명에 사용하므로 잘 기억해 두기 바란다.

제 2 부   움직이는 메커니즘

● 직선적으로 움직이는 장치

◉ 코일 용수철

- 용수철의 사용법

직선적인 운동을 하는 기구 가운데에서, 가장 주변 가까이에 있는 것은, 인장, 압축에 작용하는 코일 용수철인데. 압력이나 충격의 완충 혹은 작용 후, 본래의 위치로 되돌아가는 역할을 해서, 많은 장소에 사용되고 있다.

그림 5 (a)는 기계의 일부에서 많이 볼 수 있는 가장 간단한 압축 용수철의 사용 방법이다. 오른쪽 그림은 바깥상자 안에 컬러를 중앙에 끼운 로드가 양끝을 바깥상자에서 내밀어 상하로 움직일 수 있게 끼워 넣고, 컬러의 양쪽에 용수철을 설치한 것인데, 로드를 상하 어느쪽으로 밀거나 당겨도, 어떤 스트로크 움직임, 힘을 떼면 원래로 도돌아간다.

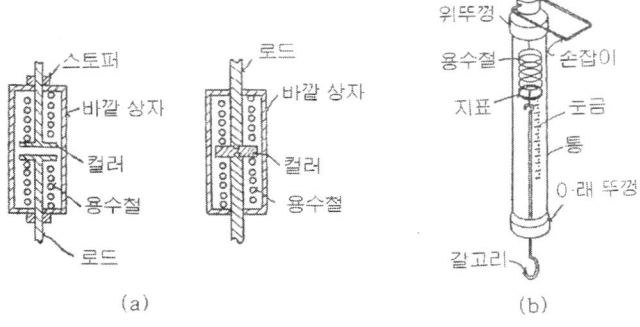

그림 5

왼쪽 그림은 컬러를 2개로 나누어서 상하의 로드에 설치하고, 로드의 끝 부분에 일정한 스트로크 이상, 상자 안에 들어가지 않도록 스토퍼를 설치하고, 상하에 컬러가 끼워져 있다. 상하의 로드는 따로따로 어떤 스트로크 끌어 내어서, 놓으면 원래로 되돌아간다.

이 용수철의 늘어나거나 오그라들거나 하는 힘을 미리 측정해 두고, 변화의 정도를 눈금에 지시시킨 것이 용수철 저울이다.

- 용수철 저울

그림 5 (b)는 가장 간단한 용수철 저울인데, 눈금을 표시한 투명한 통 속에 용수철을 중간에 두고 지표와 갈고리가 윗뚜껑의 안쪽으로부터 매달려 있다.

갈고리는 아래 뚜껑에서 관통해서 내밀고 있는데, 끝은 물체가 걸릴 수 있게 구부러져 있고, 윗뚜껑에는 손잡이가 붙어 있다.

사용법은 그림을 보기만 해도 알 수 있을 것으로 생각되는데, 손잡이를 들고, 갈고리의 끝 구부러진 부분에 측정하고 싶은 것을 걸면, 그 물체의 무게만큼 용수철이 늘어나서 지표가 내려가 눈금의 숫자를 지시하므로 무게를 알 수 있다.

- 벨로즈의 용도

수지제(樹脂製) 주름삼자 모양의 벨로즈는 새로운 합성수지라는 소재가 생기면서 생각된 것이다. 압축으로 내부의 공기를 배출하고, 소재인 합성수지의 탄력으로 원래 상태로 되돌아가기 때문에 간단한 펌프로서 각처에 사용된다.

예를 들면, 아가리가 열려 있는 한쪽에 피리를 설치하면 압축 또는 인장할 때 소리가 나는 장치가 되고, 적당한 흡배(吸排) 밸브를 장치하면, 사진 1과 같은 공기 펌프나 물펌프가 된다.

또 벨로즈는 가벼운 힘의 용수철 재료의 대용이 되기도 하며, 움직이는 부분의 방진용 덮개 등의 역할도 한다.

직선적으로 움직이는 장치 13

사진 1

⊙ 수압기의 원리

- 유체의 기계 요소

단단한 금석이나 나무 등 외에 공기나 물, 기름 등의 유체(流體)도 기계 요소를 이루어 1조의 대우를 만든다.

그림 6은 수압기의 원리를 나타낸 약도인데, 실린더 속을 슬라이딩하는 한쪽의 작은 피스톤을 화살표 방향으로 밀어 내리면, 유체가 힘을 전해서, 똑같은 모양으로 설치된 또 한쪽의 큰 피스톤은 화살표 방향으로 밀어 올려진다.

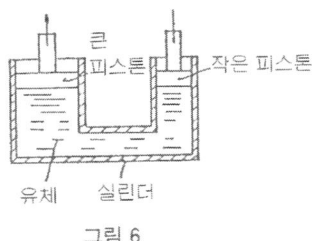

그림 6

이 밀어 내리는 힘과, 올라가는 힘의 관계는 피스톤의 면적에 비례한다. 지금 오른쪽 작은 피스톤의 면적을 1로 하고, 왼쪽 큰 피스톤의 면적을 3배로 해서, 1의 힘으로 작은 피스톤을 아래쪽으로 밀면, 왼쪽의 큰 피스톤을 밀어 올리는 힘은 3배로 된다.

이 형식의 수압기는 강괴(鋼塊)의 압연이나 절단, 형성용에 혹은 콩이나 종유(種油)의 착유 장치로 널리 응용되었다.

또 유체를 기계 요소로 한 장치에는, 자동차의 브레이크 장치, 항공기 바퀴의 올림과 내림, 내림 날개의 유압 작동 장치, 혹은 압착공기로 행하는 전기 차량의 도어 개폐 장치 등 많은 장소에 사용되고 있다.

- 파스칼의 원리

이들 장치의 유체가 흐르는 파이프는, 많은 구부러진 부분이 있더라도 유체를 통해서 행해지는 힘의 전달은 그림의 수압기와 똑같이 각 면에 직선적으로 작용한다.

로프나 로드를 사용해서 멀리 떨어져 있는 장소에 힘을 전할 수도 있지만, 유체를 기계 요소로 해서 사용하면 조작하는 장소가 작용점과 상당히 떨어져 있더라도, 그 사이에 유체가 지나가는 파이프를 접속하는 것만으로도 좋다. 더구나 용이하게 작용하는 힘의 확대가 가능하기 때문에 매우 유리하다.

이 원리는 독자들도 잘 알고 있는「파스칼의 원리」인데,「밀폐한 용기 속에서 정지한 유체의 어느 한 군데의 압력의 세기를, 어느 크기만큼 증가시키면 유체내의 모든 점의 압력의 세기가 같은 크기만큼 일제히 증가한다」고 하는 것으로, 1653년 파스칼에 의해서 발견된 것이다.

- 유체는 용수철 역할도 한다

유체는 힘을 한쪽에서 다른 쪽으로 전하는 외에, 힘을 축적하는 용수철 작용도 한다.

그림 7은 비행기 등에 사용되는 완충장치(오레오)의 약도이다.

직선적으로 움직이는 장치 15

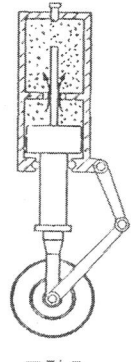

그림 7

실린더의 속은 기름이 들어 있는 2개의 방으로 나뉘어 있는데, 아래쪽 방에는 바퀴와 연결된 피스톤이 설치되어 있고, 그 끝에 로드가 위쪽 방까지 내밀고 있다.

로드와 방을 구획짓고 있는 벽과의 사이에는 작은 틈새가 있다.

착륙을 해서 바퀴에 힘이 가해지면, 아래쪽 방안의 유체는 피스톤에 의해서 위로 밀어 올려져서, 틈새에서 윗방으로 옮김과 함께 윗방의 유체를 압축한다.

바퀴에 가해지는 힘이 없어지면, 압축된 위의 유체는 다시 틈새에서 아래 방으로 옮겨서 피스톤을 밀어 내려 원래의 상태로 되돌아간다.

강한 충격을 유체의 압력과 이동에 의해서 흡수해 버리는 것이다.

⊙ 흐느적거리는 동물

• 동물 완구의 구조와 작용

원리·원칙의 이야기만으로는 어깨가 걸리고 쑤시므로, 막간을 이용하여 잠시 직선으로 움직이는 장난감을 살펴보기로 하자.

사진 2의 장난감은 무슨 이름으로 불리는지 알 수 없으나, 그럭저럭 4~50년전쯤부터 있었던 것으로 지금도 완구점에 진열되어 있다.

16   제2부 움직이는 매커니즘

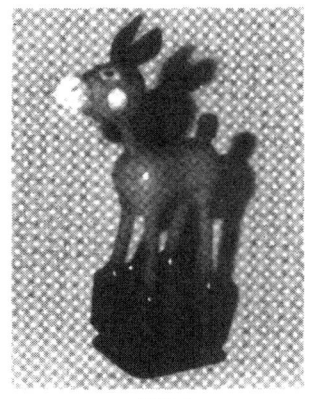

사진 2

 옛날의 것은 각 부분이 전부 목제였던 것이 지금은 합성수지로 되어 있으나, 구조는 거의 다름이 없다. 받침대의 바닥을 밀어 올리면, 받침대 위에 서 있는 동물이 목이나 발을 구부리고 힘없이 흐느적거리며 쓰러지고 만다.
 직선적인 운동만으로는 여간해서 재미있는 움직임을 얻을 수 없지만, 코일 용수철과 부드러운 끈을 조합시킨 것으로 변화가 있는 움직임을 나타낸 것인데, 훌륭한 아이디어라 하겠다.

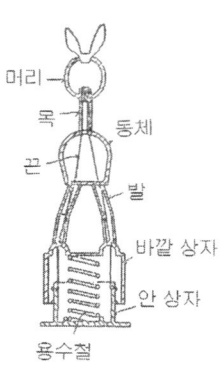

그림 8

이 구조는 **그림 8**과 같이 받침대는 안상자가 바깥상자의 안쪽으로 끼워져 있어서, 바깥상자의 윗면에 속이 비어 있는 짧은 통을 연결한 발과 몸체·목·머리의 각 부분으로 나누어서 네발 가진 동물이 만들어져 있다.

동물의 몸은 안상자의 한쪽 위가장자리로부터 발·몸체·목을 거쳐 머리의 각각의 비어 있는 부분을 통해서, 안상자의 다른 한쪽 위가장자리에 이르도록 끈으로 연결되는데, 그 끈은 안상자와 바깥상자 사이에 설치된 용수철로 긴장을 유지하고 있다.

이와 같이 해서 안상자를 밀어 올리면, 동물의 각 부분을 긴장시키고 있던 끈이 느슨해져, 각 부품의 자체 중량으로 조립이 두너진다.

또 안상자를 밀어 올리는 방법을, 예를 들면 밑면을 일제히 밀지 않고, 머리 쪽을 약간 밀면 머리만 숙이고 인사를 하는 것과 같은 동작을, 반대 쪽을 밀면 꼬리를 움직이고 애교있는 동작을 한다.

- **다른 발상(發想)**

이와 같은 구조를 보면 즐기기만 하지 말고, 바로 받침대 위에 한 마리의 동물만이 아니고 몇 마리 나란히 늘어놓으면 어떨까, 또는 자석의 반발은 스프링과 똑같은 작용을 하기 때문에, 용수철을 자석으로 바꿔 보면 어떻게 될까, 등등 상상해 보면 다른 모양의 장난감을 생각하게 된다.

또, 이 장난감이나 그 밖에 몇십년 전부터 같은 모양 그대로 살아 남아 있는 장난감은, 어느 시대의 어린이에게도 인기가 있는 증거이다.

팽이·도르래·풍차 등 옛날부터 있었던 장난감으로 지금까지 볼 수 있는 것 중 어느 하나에, 현대적인 감각을 약간 가미해서 새로운 장난감을 연구해 보도록 하자.

● 회전 운동을 회전으로 전하는 장치

⊙ 마찰바퀴

• 마찰바퀴의 종류

마찰이 많아서……하고 마찰은 방해꾼 취급을 받는 일이 있는데, 확실히 있으면 곤란한 경우도 많다. 그러나, 마찰이 만일 전혀 없으면 막대한 지장이 일어난다. 우선 자동차나 전차는, 지금대로라면 달릴 수 없게 되며, 이제부터 설명하는 여러가지 기구도 움직이지 않게 된다.

원절(原節)의 회전 운동을 종절(從節)에 회전으로 전하는 장치는, 운동의 속도나 방향을 바꿀 목적으로 많이 사용된다. 그 중 가장 간단한 장치는 마찰을 이용한 마찰바퀴이다.

그러나 마찰바퀴는 원절과 종절의 접촉면의 마찰저항으로 힘을 전하기 때문에, 양자 사이에 미끄럼이 생겨서 큰 힘, 빠른 운동 및 정확한 운동을 전하고 싶은 것에는 적당하지 않다.

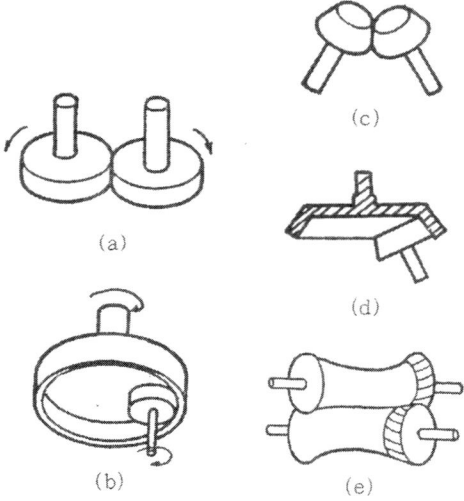

그림 9

마찰바퀴는 그림 9 (a)와 같이 2개의 축이 평행하게 되어 있는 것을 원판바퀴라 하고, 바깥쪽끼리 접하고 있는 것을 외접바퀴, 그림 9 (b)와 같이 안쪽과 바깥쪽이 접하고 있는 것을 내접바퀴라고 부른다.

각 그림의 화살표로 나타낸 것처럼 외접바퀴는 쌍방의 회전 방향이 반대로 되어 있고, 내접바퀴에서는 같은 방향으로 회전한다.

또 2축의 연장이 한 점에서 교차할 경우에는 그림 9 (c)·(d)와 같은 우산 모양의 바퀴가 되고, 외접과 내접의 것이 있다. 또한, 축이 교차되지도 않고 평행하지도 않을 경우에는 그림 9 (e)와 같은 엇갈린 바퀴를 사용해서, 빗금 부분처럼 긴 상태에서 일부를 잘라 낸 것이 사용된다.

• 마찰바퀴의 조합 방법

큰 원판과 작은 바퀴(롤러라고 한다)를 조합해서 속도의 변환을 하는 장치는 공작기계에서 많이 볼 수 있다. 그림 10 (a)는 그 한 예인데, 수직축으로 지탱된 원판의 윗면에, 수평축에 끼워진 작은 바퀴가 접해서 회전 자유로 되어 있다.

이와 같이 해서 원판을 화살표 방향으로 돌리면 작은 바퀴는 화살표 방향으로 돌고, 작은 바퀴의 위치를 원판의 중심으로 이동해 가면 작은 바퀴의 회전 속도는 점점 느려진다. 다시 작은 바퀴를 절선으로 나타낸 것처럼 중심을 넘은 반대쪽으로 옮기면, 작은 바퀴의 회전 방향은 반대

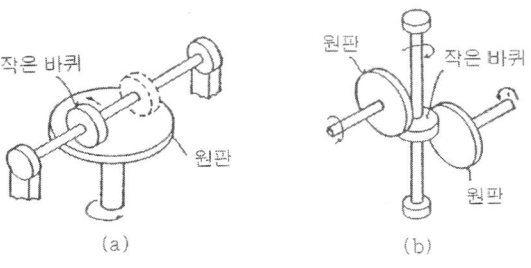

그림 10

로 된다.

작은 바퀴를 지름 방향으로 이동하는 것만으로 수평축의 회전 속도를 무단(無段)으로 바꿀 수 있으며, 정역(正逆)의 회전도 얻을 수 있게 된다.

그림 10 (b)는 똑같은 장치인데, 수직축에 끼워진 작은 바퀴가, 수평축으로 지지된 좌우 2개의 원판에 끼어서 꼭 눌려 있다. 오른쪽 원판의 회전은 작은 바퀴를 통해서 왼쪽 원판으로 전해지기 때문에, 작은 바퀴를 상하(또는 좌우)하는 것으로, 좌우 양 원판의 속도비를 무단으로 바꿀 수 있다.

구름접촉은 원절과 종절이 같은 시간내에 같은 길이의 곡선 위를 서로 접촉해서 구르는 것이므로, 같은 속도로 돌고 있으면, 원판 둘레의 길이가 큰 외주(外周)에서는 작은 바퀴의 회전이 빨라진다.

⊙ 기   어

• 기어의 용도

큰 힘이나 정확한 운동을 전하는 데에는 마찰바퀴라면 접촉면이 미끄러져서 잘 전해지지 않는다고 설명하였다. 그런데 옛 시대의 사람은 목제 원판의 둘레에 둥근 막대를 내밀어서 된 기어라고 하는 것을 생각해 냈다. 그러나 이것은 오래가지 않기 때문에 이윽고 접촉면에 올록볼록한 톱니를 새긴 기어를 생각해 냈다.

기어의 이용은, 계속적인 운동의 전달, 속도의 증감, 회전 방향의 변환 또는 축방향의 변환 등 매우 넓게 기계·기구(器具)의 기구(機構) 가운데에는 몇갠가의 기어가 반드시라고 해도 좋을 정도로 사용되고 있다.

그리고 종류도 많으며 이론도 까다로우나, 가장 많이 사용되는 스퍼 기어에 대해서, 각 부분의 명칭이나 간단한 관계식 정도는 알아 두도록 하자.

● 각부의 명칭

그림 11은 스퍼 기어의 일부분을 나타낸 사시도(斜視圖)이다.

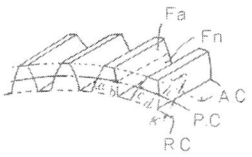

그림 11

A.C…이끝원. 이를 절삭하기 전의 재료의 외주원(外周圓)이다.
P.C…피치원. 이모양의 기준이 되는 원.
R.C…이뿌리원.
F…치면(齒面). 이가 맞물릴 때 서로 접촉하는 면으로, 피치면에서 위쪽을 치말(齒末)면 Fa, 아래쪽을 이뿌리면 Fn 이라고 한다.
a.b…이두께. (c.d도 마찬가지이다)
f.g…이 전체의 높이. f.h를 치말의 높이, h.g를 이뿌리의 높이라고 한다.
정극(頂隙)…맞물리고 있는 한쪽의 이끝과 상대의 이뿌리원까지의 틈새.
백래시…맞물린 기어의 치면과 치면 사이의 놀음.
원(圓)피치…이모양의 중심선과 피치원의 교점과 이웃의 이모양이 같은 교점간의 원호상의 길이로, 이와 이의 간격이다. 단순히 피치라고도 하며 이의 크기를 나타낸다.

● 크기와 잇수(齒數)의 관계

피치는 피치원 위에 이를 몇개 만들 수 있는가로 결정되므로, 피치원의 지름을 D, 이의 수를 T라 하면, 피치는 피치원의 둘레를 잇수로 나눈 다음의 식으로 구할 수 있다.

$$P = \frac{\pi D}{T}$$

그러나 기어를 만들 때에는, 이 피치가 아니고, 모듈이라고 하는 것으로 나타내는 일이 많다.

모듈이라고 하는 것은, 피치원의 지름(D)을 밀리미터(mm)로 나타내고, 이것을 잇수(T)로 나누어,

$$M = \frac{D}{T}$$

로 나타낸다. 따라서 모듈이 크다고 하는 것은 이의 모양이 크다는 것이 된다. 또 모듈 M과 원피치 P의 관계는 어떻게 되느냐 하면,

$$P = \pi \frac{D}{T} = \pi M$$

이 되며,

$$M = \frac{P(\text{mm})}{\pi}$$

라고 하는 식으로 나타내게 된다.

지금 피치원 80mm로 잇수 16개의 기어를 만들려고 할 때, 그 모듈은,

$$M = \frac{D}{T} = \frac{30}{16} = 5\text{mm}$$

가 된다.

또 피치원의 지름을 인치로 나타내고, 잇수를 나눈 다이어메트럴 피치(지름 피치)를 사용하는 경우도 있다.

$$D.P = \frac{T}{D}$$

이며, 모듈과 반대로 이모양이 클수록 그 값은 작다.

- 이모양과 시험 제작

기어의 이모양은 어떠한 모양이라도 된다는 것은 아니고, 피치원이 완전한 구름접촉을 하는 모양일 것이 필요하다. 현재 사용되고 있는 이

모양은 인볼류트 곡선과 사이클로이드 곡선으로 둘러싸인 것이 있는데, 이 설명을 하면 이론이 깊이 들어가게 되므로 생략하기로 한다.

자신의 발명 시험제작에 기어를 사용하고 싶을 경우에는, 비록 기어의 이론을 알고 있어도 스스로 만든다고 하는 것은 어려우므로, 모형점이나 시험제작 재료점에서 조건에 맞는 이미 만들어진 것을 찾아내는 것이다.

다만 가벼운 운동을 전하는 정도의 기어라면, 플라스틱판을 원형으로 만들어, 원주를 희망하는 수로 등분해서 3각줄로 3각형의 요철을 새긴 것으로 충분히 쓸 수 있다.

못쓰게 부서진 장난감 중에서 기어를 떼어서 보관해 두면 시험제작을 할 때 도움이 되는 일이 있다.

⊙ 기어의 종류

- 기어의 진보

기어에 의해서 한쪽에서 다른쪽으로 운동을 전달하는 데는, 몇개의 기어를 조합하는 것으로 이루어지는데, 사용하는 장소나 힘의 대소 등에 의해서 여러가지 종류가 있다.

그림 12 (a)는 앞에서도 설명한 스퍼 기어인데, 평행한 2축 사이에 일

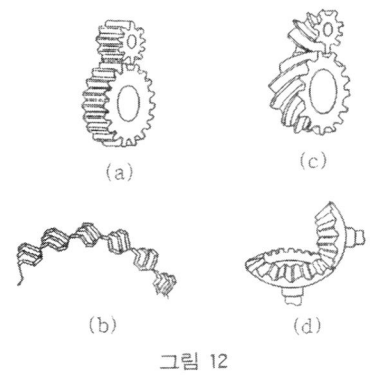

그림 12

정한 비율의 회전을 전한다. 큰 쪽을 기어 휠, 작은 쪽을 피니언이라고 한다.

스퍼 기어의 회전수는 이의 수에 반비례한다. 바꿔 말하면 이의 수가 적은 바퀴는 많이 돌고, 이의 수가 많은 바퀴는 적어진다. 또 사용하는 장소에 따라서 2개의 기어가 내접한 속기어도 있다.

스퍼 기어를 얇게잘라, 그림12(b)와 같이 조금 어긋나게 해서 겹치지 않도록 하나의 기어로 한 것을 단붙이 기어라고 한다. 이가 연속해서 맞물기 때문에 마찰이나 소음이 적고, 운동을 전하는 방법도 순조로우며, 이도 튼튼해지지만, 제작이 어려우므로 실용에는 적당히 않다.

그리하여 이 단붙이 기어의 단(段)을 늘려서 단이 없어지도록 한 기어가 고안되었다.

이렇게 하면 제작이 용이해진다. 이것을 헬리컬 기어 또는 스파이럴 기어라고 한다. 자동차의 트랜스미션에 사용되고 있다.

그러나 이 기어는, 그림 12 (c)와 같이 맞물렸을 때 서로의 이가 비스듬하게 되어서 서로 밀기 때문에, 축방향으로 밀어내는 힘이 작용해서, 특별한 베어링이 필요하게 된다.

그 결점을 개량한 것이 2중 헬리컬 기어라고 해서, 이의 기울기를 반대로 한 2조의 헬리컬 기어를 조합시켜서, 좌우로 서로 미는 힘을 상쇄하도록 한 것이 있다.

- 축이 교차하는 기어

그림 12 (d)는 베벨 기어에 이를 방사상으로 절삭한 것인데, 직선 베벨 기어라고 하며, 2개의 축이 교차되는 장소에 사용된다. 교차되는 각도는 자유이나, 직각인 경우가 가장 많다. 또, 완구 등 전하는 힘이 작아도 될 때에는, 철판을 팔 모양으로 구부려서, 위테두리에 이 모양을 만든 그림 13 (a)의 크라운 기어가 사용되고 있다.

베벨 기어는 이 밖에 헬리컬, 더블 헬리컬, 스파이럴 등이 있으며, 스파이럴 베벨 기어는 자동차의 디퍼렌셜에 사용되고 있다.

회전운동을 회전으로 전하는 장치 25

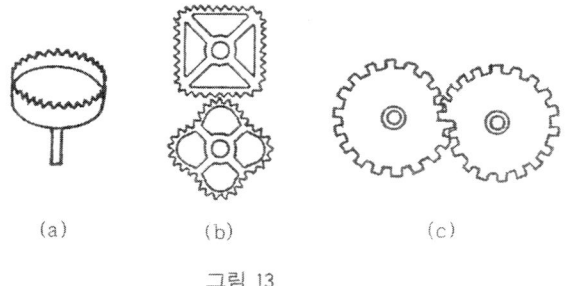

(a)　　　　(b)　　　　(c)

그림 13

  베벨 기어의 외경(外徑)은, 외단(外端)의 이끝원의 크기로 나타내는데, 이는 안쪽으로 갈수록 가늘고 지름이 작게 되어 있다.
  이들의 기어 외에 특수한 나사를 개량한 것으로 생각되는 웜과 웜 휠을 조합한 웜 기어가, 2개의 축을 직각으로 짜는 장소에 많이 사용된다.
  웜과 웜 휠의 회전수는 웜 나사의 줄수와 웜 휠의 잇수에 반비례하므로, 극단으로 회전수의 변화를 구하고자 할 때 유효하다. 그러나 특별한 경우 외에, 웜 휠이 원절(原節)이 되는 일은 없다.

- 변형 기어

  또 지금까지 설명한 기어의 모양은 모두 원형이었지만, 그렇지 않고 변형의 것도 있다. 그림 13 (b)는 사각형 기어로, 1회전 중 4회 속도를 바꿔서 전한다.
인쇄기 등에 사용되고 있다. 또한 그림 13 (c)와 같이 원둘레가 변형되어 있어 한 바퀴를 도는 운동이 부등속(不等速)이 되는 스크롤 기어라든가, 달걀 모양으로 된 기어로 1회전 중 속도를 바꾸어 1회 쉬는 것 등 여러가지 기어가 있다.

◉ 기어열

- 기어의 조합

  기어로 한쪽에서 다른쪽으로 운동을 전할 경우에 두 축 사이가 떨어겨 있으면, 직접 맞물릴 수가 없다. 또 회전수의 증감의 비율이 너무 많을 경우, 예를 들면 6배라든가 6분의 1이하로 되면 맞물림이 잘 되지 않아서 전도(傳導)가 원활하게 되지 않는다.

이와 같은 경우 2개 1조의 기어가 아니고, 사이에 다른 기어를 조합한 장치로 한다. 이것을 기어열(gear train)이라고 부른다.

몇개의 기어를 조합했을 때, 서로 이웃한 기어의 회전 방향은 반대로 되기 때문에, 마지막 기어의 회전 방향을 희망하는 대로 하려면, 사이에 몇개가 들어가야 하는지 주의해야 한다.

이 때 회전 방향을 확인하려면 그림 14 와 같이 원동 바퀴에서 차례로 반대의 화살표를 붙여 가는 것이 간단 명료하나, 전부의 기어수가 짝수이면 원동 바퀴와 마지막 기어는 반대로 회전하고, 홀수이면 같은 방향으로 회전하는 것으로 기억해 두면 된다.

- 회전수의 비

다음에 원동 바퀴가 1회전할 때, 종동 바퀴가 몇 회전하느냐 하는 회전수의 비를 기어열의 값이라고 하며, 최초의 바퀴의 회전수를 N_a, 마지막 바퀴의 회전수를 N_x라 하면,

$$\text{기어열의 값} \quad e = \frac{N_x}{N_a}$$

$$N_x = N_a \cdot e$$

의 관계로 표시된다. 이 e가 앞에서 말한 6배 또는 6분의 1이 되지 않도록 한다.

또 그림 14 와 같이 각 기어의 축이 독립해서 조합되어 있는 경우, 원

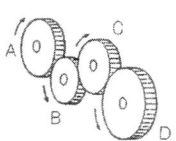

그림 14

동바퀴 A와 마지막의 종동바퀴 D와의 사이에, 어떤 잇수의 기어를 몇 개 집어 넣어도, A와 D를 직접 맞물리게 할 때와 회전수의 비율은 변함이 없다. 단, 그림 14의 경우 전부의 기어수는 짝수이므로, A와 D의 회전 방향은 반대로 된다.

이 2개의 기어 사이에 집어 넣을 기어 B·C를 중간 기어, 또는 공전 기어(아이들 기어)라고 한다.

기어를 사용한 장치의 대부분은 거의 3개 이상의 기어열로 성립되어 있다. 용수철 장치를 한 완구, 시계, 자동차 등은 모두 그렇게 되어 있다.

- 트랜스미션의 움직임

지금 자동차는 유체 이음으로 작동하는 노클러치가 많아지고 있지만, 기어 체인지의 3단 트랜스미션으로 그 변환 상태를 설명하자.

우선 엔진으로부터의 회전은 어떤 일정한 속도로 클러치축에 전해져, 미션의 기어 변환으로 회전수를 바꾸어, 프로펠러 셔트, 디퍼렌셜 기어를 거쳐서 뒷바퀴축에 전해진다.

그림 15 (a)에서 3의 기어가 접선 위치에 있을 때에는, 이른바 중립 상태인데, 기어 1과 4는 맞물려서 부축(副軸)은 언제나 회전하고 있지만 주축의 뒤쪽으로는 힘을 전하지 않는다.

시프트 레버로 기어 3을 앞으로 밀어내면 기어 1·4·6·3이 각각 맞물려서 화살표처럼 주축 뒤쪽으로 회전을 전한다. 제1속(速)의 저속(低速)이다.

다음에 그림 15 (b)와 같이 기어 2·3을 뒤쪽으로 옮기면, 기어 1·4·5·2를 거쳐서 중속이 되고, 그림 15 (c)의 위치로 옮기면, 기어 5·6·7과는 관계되지 않아, 엔진의 회전은 스트레이트로 뒤쪽에 전달되어 최고속이 된다. 기어 1과 4는 언제나 맞물려서 부축은 회전하고 있다.

그림 15 (d)와 같이 기어 3과 7 사이에 아이들 기어 8을 넣어 주면, 주축의 회전은 반대로 되어 되돌아가게 된다.

28 제2부 움직이는 메커니즘

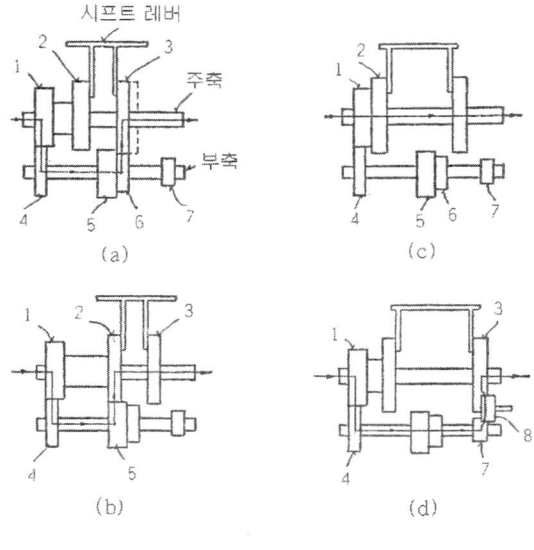

그림 15

옛날의 자동차는 엔진의 회전과 차의 주행 속도를 적당히 골라서 기어끼리 맞추지 않으면, 기어 체인지를 할 수 없었다고 한다. 현재는 싱크로메시라고 하는 특수한 기어 덕분으로 그와 같은 걱정은 없어졌다.

지금까지 설명한 기어의 조합은 기어축이 고정된 것이었으나, 그림 16과 같이 차동(差動) 기어라고 해서 작은 기어의 축이 큰 기어 축의 둘레를 회전하는 것이 있는데, 이것은 작은 기어가 큰 기어의 바깥쪽에 접하면서 회전한다.

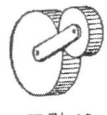

그림 16

⊙ 초로 Q의 기어열

• 초로 Q가 빠른 비밀

약간의 후퇴를 시키는 것만으로, 그 몇배나 되는 거리를 돌진하는 초로 Q라고 불리는 미니카(miniature car)가 있다.

운전을 한 일이 있는 사람은 그 파워의 불가사의를 느끼고, 어떻게 되어 있는 것일까 하고 틀림없이 의문을 가졌을 것이다.

그 비밀은 한마디로 말하면 기어의 조합인데, 어떻게 되어 있는지 철저하게 해부해 보기로 하자.

초로 Q는 보디(차체), 엔진 및 샤시의 3개로 크게 나누어진다. 이 3부분은 접착제를 사용하지 않고, 모두 끼워넣기식으로 되어 있으며, 마지막에 비스(나사)를 1개 단단히 죄는 것만으로 조립이 완성된다.

실제의 자동차도 성능의 결정자는 엔진이다. 그러므로 우선 엔진을 분해해 보기로 한다.

엔진에 해당하는 기어 박스는 **그림 17** (b) (c)에 나타낸 것처럼 진행방향에 대해서 좌우 A, B 2개의 케이스로 나누어진다.

A케이스 쪽에는 리어 샤프트와 샤프트에 끼워진 드리븐 기어 A, 기어 휠 B와 피니언 C가 일체로 된 2단의 중간 기어, 그리고 태엽실(室)에 수용된 태엽 및 기어 휠 D와 피니언 E가 일체로 되어 있다.

각 기어와 피니언의 잇수는 그림 쪽에 나타냈다. 태엽은 너비 약 1.5mm, 유효 길이 240mm로 시단(始端), 종단(終端)을 구부려서, 내경 11mm의 태엽실에 감아넣어져 있다.

그리고 **그림 17** (a)처럼 시단은 태엽축을 태엽 쪽으로 속이 비어 있는 원통을 내밀어서, 일부를 잘라내 태엽의 구부러진 부분을 누르고 있다.

종단은, 태엽실의 원둘레에 8개의 오목한 홈이 만들어져 있는데, 그 중 1개에 되접어 꺾은 부분의 내민 것이 끼워져 있다.

이것은, 태엽을 난폭하게 감아 넣어도, 내민 부분이 오목한 홈의 위치

30 제2부 움직이는 메커니즘

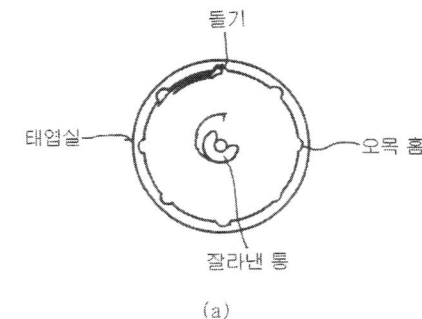

(a)

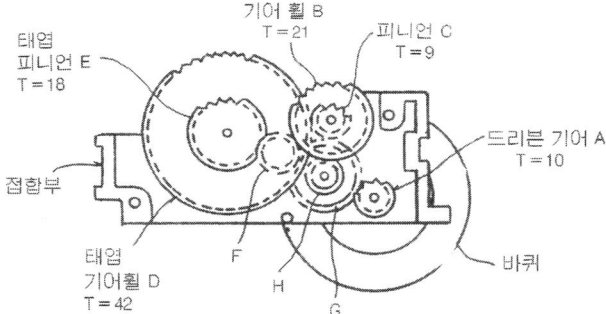

(b) A케이스

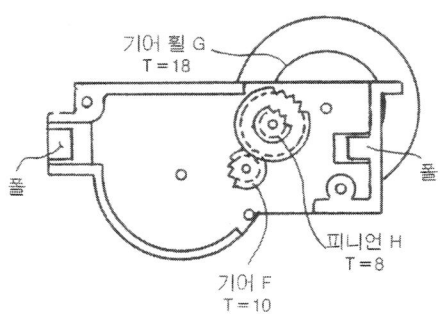

(c) B케이스

그림 17

를 미끄러져 움직일 뿐이므로, 태엽의 절단을 막는 장치이다.

왼쪽의 B 케이스에는, 중간 기어 F, 기어 휠 G와 피니언 H가 일체를 이룬 2단 중간 기어가, 그림에는 나타내지 않았으나 중간 뚜껑으로 눌러서 세트하고 있다.

이 2개의 A, B케이스를 마주 향하게 하면, A케이스의 접합부와 B케이스의 폴이 서로 걸려서 찰카닥하고 짜여진다.

- 기어의 맞물림

약간의 후퇴를 시킬 뿐으로 그 몇배나 전진 주행을 할 수 있는 것은, 태엽을 감아 넣을 때와 풀 때는, 각각 레이쇼 (잇수의 비)가 다른 기어와 맞물기 때문이다.

태엽을 감아 넣는 가는(往) 동작은, 리어 샤프트의 드리븐 기어 A에서, 기어 휠 G, 기어 F를 거쳐서 태엽 피니언 E에 이른다.

주행하는 돌아오는(復) 작동은, 태엽 휠 D에서 피니언 C와 기어 휠 G를 거쳐 드리븐 기어 A에 이른다.

이 때, 기어 휠 B와 피니언 C의 2단 기어와 기어 F의 샤프트는 각각 타원형의 샤프트 홀에 끼워져 있어, 왕(往), 복(復)의 어느 필요한 회전 때 힘을 전하도록 한다. 필요한 회전 때 다시 말해서 감아 넣을 때에는 B, C기어가, 풀려서 전진할 때는 F기어가, 각각 홀의 한쪽으로 도피해서 힘을 전하지 않는다.

- 기어 레이쇼의 관계

이와 같이 맞물리고 있으면, 가고 오는 것에서는 어떠한 차가 생기게 될까.

기어의 회전수에 기어 트레인의 처음의 기어가 1회전했을 때 끝의 기어가 몇 회전하는가에 대해서는 앞에서 설명하였다.

그러면, 움직이는 기어(원동 바퀴)의 잇수의 상승곱을 피동 기어 (종동 바퀴)의 잇수의 상승곱으로 나누어 보자.

태엽이 감겨들어가는 왕로(往路)에서는, ( )안은 각 기어의 잇수.

$$\frac{A(10) \times G(18) \times F(10)}{G(18) \times F(10) \times E(18)} = \frac{1800}{3240} = \frac{5}{9}$$

뒷바퀴와 일체로 되어 있는 드리븐 기어 A가 0.9 회전하면, 태엽 피니언 E는 0.5 회전한다. 따라서, E를 1회전시키려면 뒷바퀴를 1.8회전시키면 된다.

그러면, 태엽이 드리븐 기어 A를 돌리는 귀로(歸路)는 어떤가, 앞과 같이 계산해 보면,

$$\frac{D(42) \times B(21) \times G(18)}{C(9) \times H(8) \times A(10)} = \frac{15876}{720} = \frac{22.05}{1}$$

가 된다

태엽 기어 휠 D의 1회전으로, 드리븐 기어 H는 22회전이나 하게 된다.

이 뒷바퀴 1.8회전을 위해 감겨들어간 것이 22회전이나 전진 회전이된다. 이것이 쾌속의 비밀에 대한 답이다.

사진 3은 초로 Q의 일부 형식이다.

사진 3

⊙ 3단으로 뚜껑이 열리는 학습기

• 결치(缺齒) 기어

맞물리고 있는 2개의 기어 가운데 원동 바퀴를 그림 18과 같이 이를 몇개 없애 버리면 어떠한 운동의 전달 방법을 하게 될까.

그림 18

원동바퀴가 일정한 속도로 돌더라도, 이가 없는 부분에서는 종동 바퀴를 돌리지 않으므로, 이가 없는 부분이 통과하는 시간은 종동 바퀴가 쉬게 된다. 이와 같은 기어를 결치 기어라고 한다.

어느 시간마다 정지시키고자 하는 기구에 사용된다.

● 3단 학습기의 연구

N씨는, 이 결치 기어의 응용으로 그림 19 (a)의 학습기를 고안하였다.

3장으로 분할된 여닫이 뚜껑의 아래쪽에, 그림 19 (b)와 같은 문제가

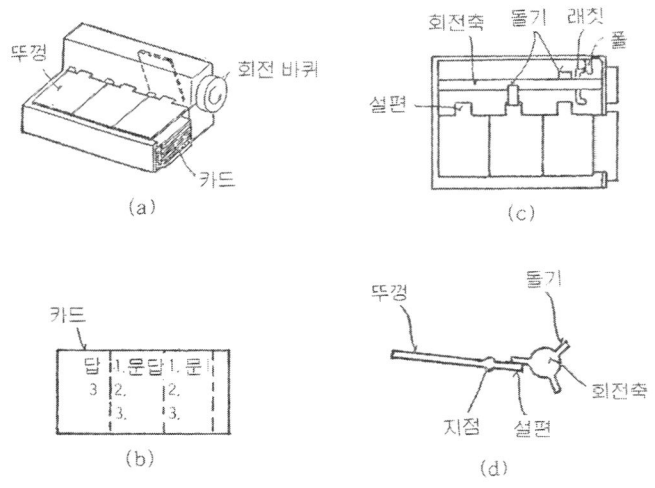
그림 19

3개, 정오의 답이 3개, 기재된 카드가 세트되어 있다.

구조는 그림 19 (c)에 나타낸 것처럼, 회전축이 케이스 윗쪽에 옆으로 설치되어 있고, 회전축을 거의 셋으로 나눈 위치의 직각 방향으로 차례로 120도씩 물려서 돌기를 쑥 내밀고, 오른쪽 끝에 회전 바퀴와 래칫 및 역전 방지 폴이 부착되어 있다.

뚜껑은 받침점에서 회전 자재로 케이스에 부착되고, 회전축의 돌기와 마주하고 있는 쪽으로 혀 모양의 것이 돌출되어 있다.

이렇게 회전바퀴를 화살표 방향으로 돌리면, 회전축이 돌아서 가장 오른쪽 끝의 돌기가 그림 19 (d)와 같이 뚜껑의 혀 모양의 것을 밀어 내려, 받침을 중심으로 해서 뚜껑은 위쪽으로 열려서, 최초의 문제를 볼 수 있다. (그림(a) 점선 도시)

다시 회전축을 계속 돌리면, 최초의 돌기와 혀 모양의 것의 관계가 풀려서, 최초의 뚜껑은 중력으로 닫히고, 다음에 한가운데의 돌기가 한가운데 뚜껑의 혀 모양의 것을 밀어 내려 뚜껑을 열어, 앞 문제의 정답과 다음 문제를 볼 수 있다. 회전축의 회전을 더 계속하면, 한가운데의 뚜껑이 닫히고 3단째의 뚜껑이 열려서, 2번째 물음의 정답을 볼 수 있다.

회전바퀴를 계속 돌리는 것에 따라 3장의 뚜껑이 순서대로 잘 개폐되는 운동은, 어린이에게 흥미를 주어, 반복해서 학습해야 할 수고를 가볍게 덜어 준다.

이 구성은 결치 기어의 응용이라고 하기보다, 뒤에서 설명하는 캠의 기구이지만, 기어의 이를 가로 방향으로 물려서 설치했다고 볼 수도 있다.

⊙ 간이 애니메이션

• 애니메이션의 연구

어떤 동작을 분해해서 조금씩 변화시킨 그림을 연속 이동해서 바라보면, 영화처럼 움직이고 있는 그림으로 보인다.

회전운동을 회전으로 전하는 장치 35

애니메이션은 텔레비전 만화의 여세로 어린이들에게 인기가 있으며, 저학년의 사회과 교재에 많이 사용된다.

가장 간단한 애니메이션은 여러분도 자주 했었을 것으로 생각되는데, 노트의 구석에 장난으로 그림을 그려서, 손가락으로 훌훌 튀기는 형식이다.

이 애니메이션은 그 하나하나 넘기는 방식으로 그림 20처럼 많은 골을 만든 통의 개구(開口)하고 있는 쪽에서, 조금씩 변화시킨 그림 카드를 둘로 접어서 전둘레에 꽂아 넣고, 캡을 끼운 후, 이것을 사진 4와 같은 직각 위치에 2개의 창이 있으며, 그림 카드가 회전할 수 있는 스페이스를 가진 프레임에 세트해서, 핸들을 꽂아 넣은 것이다.

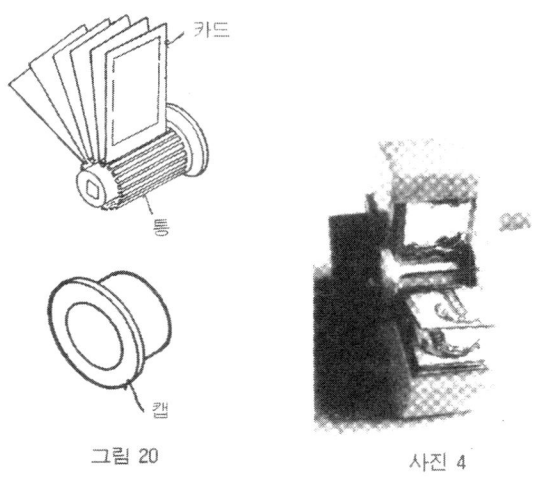

그림 20　　　　사진 4

이렇게 해서 핸들을 돌리면, 프레임의 수직창에 보이는 그림 카드는, 창 위에 있는 틀판을 넘어서 수평창으로 밀어 넣는 상태에서 이동 회전한다.

따라서, 어떤 적당한 속도로 핸들을 돌리면, 변화한 그림이 연속적으로 이송되어 그림 속의 사람이나 동물이 움직이고 있는 것처럼 보인다.

이 애니메이션의 통에는 두개로 접은 그림 카드를 16장 꽂아 넣을 수 있는데, 수평과 수직 창을 반대 위치로 바꿔 쥐고, 핸들을 역전시키면 그림 카드의 뒷면의 그림을 똑같이 작용시킬 수 있다. 한번 그림 카드를 끼워 넣고 32장의 화면으로 2개의 스토리를 즐길 수 있다.

회전 운동만으로도 무엇을 돌리는가에 따라서, 여러가지 새로운 연구가 생겨나는 것이다.

● 회전과 직선운동을 조합한 장치

⊙ 벨트 바퀴와 로프 바퀴

• 벨트 바퀴의 기능

회전을 직선 운동으로, 또 직선 운동을 회전으로 전할 경우, 또는 회전축의 사이가 떨어져 있을 때의 운동을 전하려면, 직선 운동에 회전하는 다른 기계 요소를 조합해야 한다.

2축 사이의 떨어져 있는 전달로 잘 알려져 있는 것은 **그림 21 (a)**의 벨트 바퀴인데, 이것은 원동바퀴와 종동바퀴 사이에 적당한 너비의 벨트를 걸어 놓고, 한쪽에서 다른 쪽으로 용이하게 운동을 전달할 수 있다.

더구나 벨트 바퀴의 회전수는 벨트 바퀴의 반지름 또는 지름에 반비례므로, 어느 한쪽의 지름을 바꿈으로써 원동바퀴와 종동바퀴의 회전비를 쉽게 증감시킬 수 있으므로 편리하다.

벨트를 거는 법에는 여러 가지가 있는데, **그림 21 (b)**와 같이 벨트를 중간에서 교차시키는 X자 걸기로 하면, 원동바퀴와 종동바퀴의 회전 방향을 반대로 할 수도 있고, 또 **그림 21 (c)**처럼 안내바퀴를 원동바퀴와 종동바퀴 사이에 넣으면 축 방향을 바꿀 수도 있다.

• 벨트 바퀴의 사용법

그러나 벨트 바퀴와 벨트의 힘의 전달은, 마찰 바퀴와 마찬가지로 양

회전운동과 직선운동을 조합한 장치 37

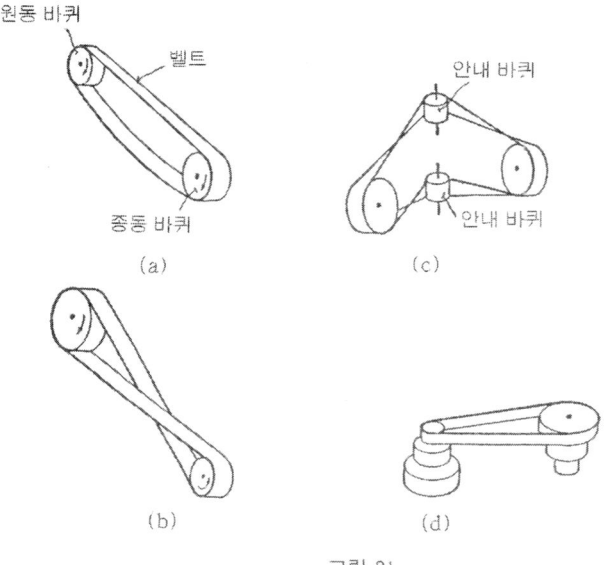

그림 21

자의 접촉면에서의 마찰력에 의하므로 미끄럼이 생기는데, 1쌍의 벨트 바퀴의 회전비가 6대 1이상이 되면, 특히 미끄럼이 심해진다. 이 경우에는 기어열과 똑같이 중간에 또 하나의 벨트 바퀴를 설치하면 미끄럼을 막을 수 있다.

더욱 미끄럼을 적게 하려고, 벨트와 벨트 바퀴의 접촉면을 V자 모양으로 한 것, V자형을 몇 개 병렬시킨 벨트 바퀴가 연구되었다.

원동바퀴의 회전 운동을 회전으로 전달함과 동시에 속도의 변환 장치로서, 그림 21 (d)의 구조가 드릴링 머신, 기타 공작기계 등에 많이 사용되고 있다. 벨트를 바꿔서 거는 것에 따라 속도가 몇단으로 바뀌게 된다.

또 매개절(媒介節)의 벨트 자체는 2축 사이에서 직선 운동을 반복하므로, 공장의 작업장 사이에서 부품, 제품을 운반하거나, 건설 현장에서 토사를 운반하는 벨트 컨베이어 등, 물체를 운반하는 수단에 응용하고 있다.

제2부 움직이는 메커니즘

- 로프 바퀴

벨트 바퀴는 2축 사이가 7m 이상 떨어지면, 운전 도중에 벨트가 진동해서 벨트 바퀴가 부서지거나 고장이 나기 쉽다.

그래서 벨트 대신 삼(麻)이라든가, 강선(鋼線)을 몇 개씩 엮은 로프를 사용하는 로프 바퀴가 발달하였다. 로프의 굵기는 극단적으로 굵게 할 것은 없으나, 갯수를 늘림으로써 벨트보다 큰 힘을 전달할 수 있다.

고층 빌딩의 엘리베이터, 산악 지대의 로프 웨이 등은 모두 로프 바퀴이다.

⊙ 맵 미터

- 벨트의 대용

벨트와 벨트 바퀴의 응용은 엘리베이터나 공장의 컨베이어처럼 큰 것을 상상하기 쉬우나, 장난감이나 교재에서는 고무 밴드가 벨트 역할을 한다.

사진 5는 N씨가 고안해서 몇 회씩이나 학습 잡지의 부록에 사용된 지도상의 거리를 측정하는 맵 미터이다. 창에서 보이는 눈금은 표시판에 실제 치수로 0에서 10센티미터의 숫자가 새겨져 있다.

사진 5

● 맵 미터의 구조

내부의 구조는 뚜껑을 떼어 낸 뒤쪽을 그림 22에 나타낸, 눈금판의 뒷면에 홈붙이 풀리가 일체로 성형되어 회전축에서 케이스에 회전 자유로 장치되어, 아래쪽에 설치되어 있는 홈붙이 접지바퀴와 고무 밴드로 벨트가 걸려 있는 아주 간단한 것이다.

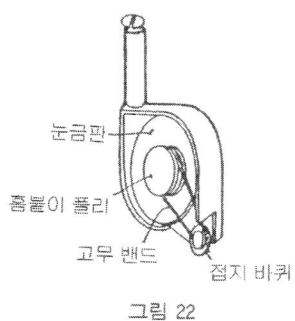

그림 22

이것을 사용하려면, 접지 바퀴를 돌려서 창으로부터 보이는 표시 눈금의 0점을 기점에 맞추고, 지도상의 어떤 지점에서 다른 지점까지 접지바퀴를 굴린다. 그러면, 눈금판도 고무 밴드 벨트로 회전해서 2점간의 거리가 실제 치수의 센티미터로 표시된다. 이 경우 원동바퀴의 접지바퀴와 종동바퀴의 홈붙이 풀리의 크기의 비율은, 회전수의 변화는 아니고 원둘레의 길이를 전달할 뿐이므로, 양자의 지름은 자유로 좋다.

그리고 측정한 실치수를 지도의 축척에 의해서 환산한다. 예를 들면 5만분의 1의 지도에서는 10mm가 500m, 백만분의 1에서는 10km가 된다.

또 위쪽의 손잡이 부분은 케이스와 일체로 되어 있는 축에 파이프가 느슨하게 끼워져 있고, 게다가 접지바퀴의 중심과 손잡이의 중심이 엇갈려 있으므로 전체를 조작하는 것이 불안정하다.

그런데 이 불안정함이, 지도상에서 꼬불꼬불 구부러져 있는 선 위를 움직이는 데, 움직이기 쉬운 이점으로 되어 있는 것이다. 마치 자동차 앞바퀴의 중심과 핸들축이 떨어져서 경사해서 설치되어 방향의 변환이 쉬운 이론과 마찬가지이다.

성공한 고안에는 간단한 중에도 몇가지 방법을 조합해서 세심하게 주의를 한 연구도 있다.

⊙ 소거 조작이 불필요한 서사판

- 서사판(書寫板)을 지우는 방법

청색이나 적색의 색판에 고형(固形)의 왁스를 칠하고 그 위에 셀로판지나 반투명 수지막을 겹쳐서 경필(硬筆)로 글자나 그림을 그리는 서사판이라고 하는 것이 있다.

이것은 반투명막 위에 경필로 그린 부분이 왁스의 점착(粘着)으로 색판에 들러 붙어서 글자나 그림으로 나타나는 것인데, 반투명막을 색판에서 벗겨내면 지워져서 몇 번이라도 다시 고쳐 쓸 수 있다.

이것을 지우는 방법은, 반투명막을 뜯어버리는 방법에 대한 연구는 없으나, 색판과 막 사이에 철사나 얇은 판을 끼워 넣고 이동시키거나, 막을 고정하고 색판을 밀어 내려서 지우는 것 등이 고안되었다.

그래서 이것을 지우는 다른 조작 방법은 없을까 하고 고심한 끝에 I 씨는, 그림 23과 같은 벨트와 벨트 바퀴의 구조를 이용해서 지우는 조작을 특별히 하지 않아도 되는 서사판을 고안하였다.

그림 23

● 소거 조작이 불필요한 연구

그 구조는, 케이스의 안쪽에 2개의 롤러를 마주 보도록 설치하고, 2개의 롤러 사이에 반투명막과 왁스막을 겹쳐서 고리 모양으로 걸쳐 놓고, 케이스의 바깥쪽에 한쪽의 롤러를 회전시키는 회전 바퀴와 윗면에 기입용(記入用) 창을 설치하고, 창 아래쪽에 받침판을 설치한 것이다.

이렇게 해서 기입용 창에 나타나 있는 반투명막 위에 글자나 그림을 그리고, 여백이 없어지면 회전 바퀴를 돌려서, 겹친 2장의 막을 상하 어느 한쪽으로 이동시키고, 나온 공백부에 다시 기입한다.

그러면 지우는 것은 어떻게 되어 있을까? 고리 모양의 막이 1회전해서, 다시 기입된 막이 나와 버리지는 않을까 하고 생각한다.

그런데, 다시 기입한 부분이 나오더라도, 깨끗이 지워진 상태로 나오는 것이다. 그 이유는 예를 들면 2장의 종이를 겹쳐서 한쪽을 고정하고 두개로 접으면 자유로운 다른 쪽에는 약간의 어긋남이 생긴다.

이 현상과 마찬가지인데, 겹쳐 있는 반투명막과 왁스막이, 2개의 롤을 통과할 때, 접혀져서 약간의 어긋남이 생기고, 게다가 이동하는 힘은 아래쪽의 왁스막에 걸리므로, 더욱 어긋남을 일으키기 쉽고, 이 어긋남에 의해 써 넣어서 들러 붙어 있는 2장의 막이 벗겨져서, 써넣은 글자 등이 지워지는 것이다.

따라서, 특별히 지우기 위해서 벗겨낸다고 하는 조작은 불필요하며, 여백을 이송하는 조작이 지우는 조작을 겸하고 있게 된다.

아주 작으마한 현상을 포착해서 훌륭하게 이용한 고안이다. 이 특허 출원을 조사한 특허청의 심사관도 왁스막과 반투명막이 동시에 돌아서 지워지지 않는 것은 아닌가 하는 의문이 생겨, 실물 모형의 제출을 명령해 왔다.

I씨는 즉시 모형을 지참하고 심사관의 눈 앞에서 실험을 하였으며, 훌륭하게 지워져 버렸기 때문에 등록이 되었다고 한다.

⊙ 두루마리 학습기

- 벨트의 다른 용도

벨트 바퀴나 로프 바퀴는 고리 모양으로 해서 회전을 전달하는 구조가 많은데, 양끝의 한쪽을 번갈아 감아서 로프나 벨트에 왕복 직선 운동을 주는 방식도 제법 사용되고 있다.

또 벨트는 원동바퀴에서 종동바퀴에 힘을 전하는 역할 외에, 앞에서 설명한 물체를 운반하는 역할, 혹은 영화의 필름이나 이 고안처럼 벨트 위에 그려진 그림이나 글자를 이동 변화시키는 효과도 있다.

- 학습기의 연구

사진 6은 띠 모양으로 된 두루마리에 문제와 답이 기입되어 있고, 한쪽 축으로 감아서, 창에 나타나는 문제와 답을 차례 차례 볼 수 있는 학습기이다.

사진 6

구조는 그림 24 (a)와 같은 똑같은 모양의 케이스가 상하 2개로 분할되어서 경첩으로 개폐할 수 있게 되어 있으며, 창의 절반에 적색의 투명한 필터가 끼워져 있다. 내부는 그림 24 (b)처럼, 축의 중앙에 두루마리의 끝 부분을 끼어 넣는 틈새와 한쪽 끝에 회전 바퀴를 설치한 회전축이 상하의 축받이에 끼워진다.

이것을 사용할 때에는 한쪽의 회전축에 세트하고자 하는 두루마리의

회전운동과 직선운동을 조합한 장치 43

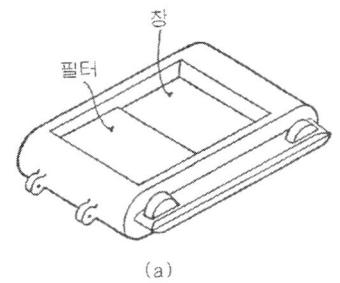

(a)

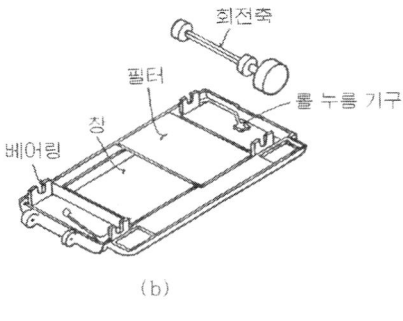

(b)

그림 24

끝 부분을 축의 틈새에 꽂아서 감고, 축받이에 끼워서 말아 끝을 다른 한쪽의 회전축 틈새 부분에 꽂아서 축받이 부분에 끼우고 케이스를 닫는다.

그러면 **사진 6**과 같은 상태로 되어서, 창에서 두루마리의 인쇄된 문제와 답을 볼 수 있다. 그런데 두루마리의 인쇄는, 문제는 흑색, 답은 적색으로 했기 때문에, 붉은 필터의 밑에 있는 답은 같은 색으로 지워져서 읽을 수 없다. 회전축을 돌려서 붉은 필터가 없는 부분으로 이동하면, 답을 볼 수 있는 구조로 되어 있다.

• 연구의 포인트

이와 같이 해서 두루마리를 한쪽 축에 모두 감길 때까지 문제를 풀고,

케이스를 뒤집으면, 케이스의 뒤쪽도 같은 구조로 되어 있으므로, 이번에는 두루마리의 뒤쪽에 인쇄되어 있는 문제와 답을 볼 수 있다.

두루마리의 왕복으로 앞뒤면의 문제와 답을 연습할 수 있는 것이다.

이 학습기의 특징은, 창의 절반에 붉은 필터를 설치해서, 적색과 흑색의 2색으로 인쇄한 문자 중 적색을 필터로 보이지 않게 한 것과, 케이스의 안과 겉을 동일한 구조로 해서 감기와 되감기로 두루마리의 겉과 안을 볼 수 있게 한 점이다.

또한 그림 24 (b)의 롤 누름 기구는 종이를 감는 도중에 회전 바퀴에서 손을 놓으면, 종이의 탄력으로 헛돌아서 감아 놓은 것이 허슨해지기 때문에 그것을 누르는 누름기구이다.

⊙ 랙과 피니언

- ● 랙의 구조

원형 기어의 지름을 무한으로 크게 해 가면 직선에 가까와지는데, 그 직선 모양의 기어가 랙이고, 이것과 맞물리는 작은 기어를 피니언이라고 한다.

그림 25 (a)는 일반적인 랙과 피니언의 구조로, 원동바퀴가 되는 축 붙이 피니언에 종동 바퀴의 랙을 좌우로 접동할 수 있게 맞물려서 피니언을 화살표 방향으로 움직인다. 또 랙을 원동 바퀴로 해서 좌우로 움직이면 피니언은 정역(正逆)의 회전을 반복한다. 또 피니언과 축을 회전 자유로 해서 좌우로 이동시키면, 피니언은 랙 위를 회전하면서 위치를 바꾼다. 이 구조는 회전 운동을 직선으로, 직선 운동을 회전으로 확실히 바꿀 수 있기 때문에, 드릴링 머신의 드릴의 상하·앉은뱅이 저울의 지침 장치 등 많은 기계 기구의 구조에 사용되고 있다.

- ● 랙의 종류

그림 25 (b)는 2개의 랙에 피니언을 끼운 구조인데, 피니언을 회전 자

회전운동과 직선운동을 조합한 장치 45

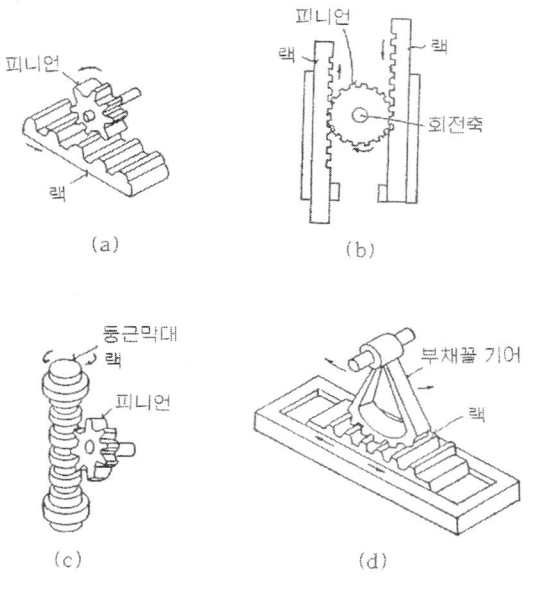

그림 25

유로 해서 축을 고정하고, 2개의 랙을 상하로 접동 자유로 해둔 후, 어느 한쪽의 랙을 원동 바퀴로 해서 상하로 움직이면, 피니언이 회전해서 다른쪽의 랙에 반대의 상하 운동을 하게 한다.

또 피니언의 회전축을 이동시키지 않고 정역 회전을 반복하면, 2개의 랙은 상반되는 같은 행정의 상하 운동을 하며, 다시 한쪽의 랙을 고정하고 피니언의 회전축을 상하 이동 자재로 해 두면, 다른쪽 랙의 상하 운동에 의해서 피니언은 회전하면서 상하로 이동한다.

그림 25 (c)는 컬러 붙이 둥근 막대에 랙을 절삭한 둥근 막대 랙과 피니언을 맞물리게 한 것인데, 그림 25 (a)의 운동과 똑같은 운동을 하는 외에, 둥근막대 랙을 축 둘레로 정역 회전시키면서 상하 운동을 시킬 수 있다.

그림 25 (d)는 부채꼴 기어와 랙의 조합인데, 회전 자유인 부채꼴 기

어의 축을 이동하지 않도록 하고, 랙을 접동 자유로 해서, 랙을 좌우로 접동시키면 부채꼴 기어는 좌우로 요동한다. 부채꼴 기어를 원동 바퀴로 해서 요동시키면, 랙은 좌우로 접동을 반복한다.

랙과 피니언의 조합은, 어느쪽을 고정하느냐, 또는 원동바퀴로 하느냐에 따라서 각각 다른 운동을 하므로, 회전과 직선의 운동 변환에 널리 이용된다.

이 밖에 톱니 대신 핀을 끼워 넣은 핀 기어와 랙, 또는 핀 랙과 기어를 조합시키는 구조도 있다.

- 맹글 2중 랙

그림 26에 나타낸 것은 「맹글 2중 랙과 결치 핀 기어」라고 하는 긴 이름인데, 결치 핀 기어를 한 방향으로 회전을 계속하는 것으로 랙이 좌우로 반복해서 운동을 하는 것이다.

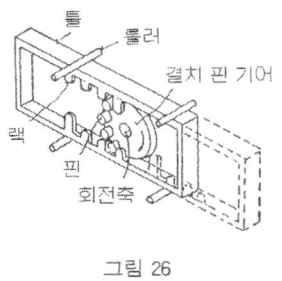

그림 26

그 구조는, 상하로 대항해서 랙을 설치한 직사각형의 틀이 상하 4군데의 롤러로 좌우로 움직이도록 지지되어 있으며, 원판 둘레의 일부에 핀을 끼워 넣은 결치 핀 기어가 회전축에서 핀과 랙이 끼워지도록 부착되어 있다.

이와 같이 그림으로 나타낸 상태에서 결치 핀 기어를 화살표와 같이 우회전시키면, 핀은 위쪽의 랙과 맞물려서 틀을 오른쪽 점선 위치까지 움직인다. 그리고 더욱 결치 핀 기어가 우회전을 계속하면, 이번에는 점선 위치의 아래쪽 랙과 핀이 맞물려서, 틀은 원래의 위치로 되돌아간다.

상하 랙의 좌우 끝 1개가 긴 것은 처음에 핀이 걸리기 쉽게 하기 위해서이다.

이와 같이 특별한 움직임을 하는 구조는 기억해 두고, 한 방향 회전으로 좌우에의 직선 운동을 시키려고 하는 구조에 응용하는 것이다.

◉ 3단 학습기

- 이가 없는 랙

랙과 피니언은 쌍방에 이를 절삭하든가, 핀을 끼운 것을 설명하였는데, 전달하는 힘이 그다지 크지 않으면, 마찰 바퀴와 같이 마찰력으로 작용시킬 수도 있다.

사진 7·그림 27 (a)의 학습기는 카드를 수용하는 상자의 앞면에 회전 자재로 지지된 2개의 회전문과 푸시 레버를 설치한 기구실이 측방에 장치되어 의외성이 있는 움직임을 한다.

사진 7

- 학습기의 구조

기구실의 내부는 **그림 27** (b)처럼 2개의 회전문은 회전축으로 상자 측면에 설치되었으며, 회전축의 기구실 쪽에는 회전문과 함께 도는 고무 링이 끼워져 있다.

푸시 레버 속은 2개의 방으로 나뉘어 있는데, 한쪽 방은 하단이 열려

48 제2부 움직이는 메커니즘

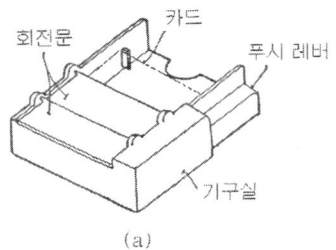
(a)

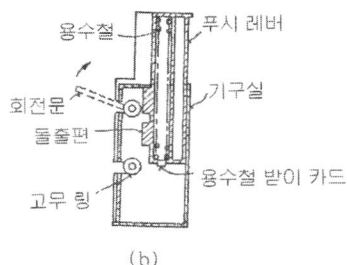
(b)

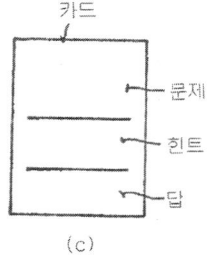
(c)

그림 27

있어, 용수철이 삽입되어 있으며, 용수철의 하단은 상자 측벽에 설치된 용수철 받이로 눌려져 있다.

또 용수철 실의 외측면에는 고무링과 접촉하도록 돌출편이 나와 있다.

이렇게 **그림 27** (c)에 나타낸 것처럼 상단에 문제, 중단에 힌트, 하단에 답을 기재한 카드를 상자 안에 끼어 넣으면, 중·하단은 회전문이 있어 보이지 않고, 문이 없는 상단의 문제만 읽을 수 있다. 문제의 해답을 알 수 없을 때에는, 푸시 레버를 한단 밀어 내리면 위쪽의 돌출편이 위쪽 회전문의 고무 링과 접촉하면서 아래쪽으로 내려가므로 고무 링은 회전해서 문을 열므로, 힌트를 읽을 수 있다.

그래도 해답할 수 없으면, 한단 더 레베를 내리면 윗문의 고무 링과 돌출편의 접촉이 벗겨지는 동시에 중력으로 문이 닫히고, 이어서 아래쪽 문의 고무 링과 돌출편이 접촉해서, 아래쪽 문이 열려 답을 읽을 수 있다.

한 문제를 끝내고 누르고 있는 힘을 놓으면, 용수철의 힘으로 푸시 레버는 원래의 위치로 되돌아간다. 상자를 드는 방법에 따라서 회전문이 자중(自重)으로 닫히지 않을 경우에도, 상하단의 돌출편이 원래로 되돌아갈 때 고무 링을 역회전시켜서 어떤 문도 닫을 수가 있다.

학습을 끝낸 카드는, 위쪽으로 끌어내서 마지막 부분에 끼어 넣고, 이 동작을 반복해서 학습하는 것이다. 문을 순간적으로 열거나 닫는 기구에 이용할 수 있다.

⊙ 카드 학습기

- 랙에 대한 또 하나의 연구

랙과 피니언의 조합으로, 피니언의 회전축이 이동하지 않게 하면 피니언의 회전으로, 랙은 좌우로 이동한다.

이 구조를 머저와 같이 마찰 바퀴식으로 이용한 것이 **그림 28** (a)의 학습기이며, 피니언을 고무 롤러로, 랙을 학습하는 카드로 바꾸어 놓은 것이다.

구조는 매우 간단한데, **그림 28** (b)와 같이 케이스의 바닥에 평판 용수철이 설치되고, 뚜껑은 적색 투명하며 한쪽이 경첩축으로 개폐할 수 있게 되어 있고 다른쪽에 축받이가 설치되어 있으며, 축에는 고무 롤러

50   제2부 움직이는 메커니즘

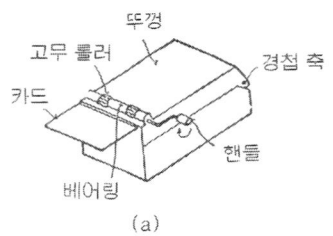
(a)

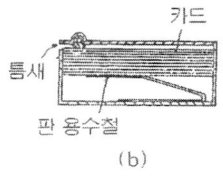
(b)

그림 28

가 2개 끼워져 있다.

고무 롤러는 축받이 사이에 끼워져 있고, 아래 절반의 주면(周面)은 뚜껑의 하면으로부터 돌출되어 있으며, 뚜껑과 케이스 본체에 카드 1장분의 틈새가 설치되어 있다.

또 회전축의 한쪽을 크랭크 모양으로 해서 돌리기 쉬운 핸들로 하고 있다.

카드의 문제와 답은 흑색과 적색으로 인쇄되어 있으며, 카드를 케이스 안에 적당한 장수를 세트하면, 적색 투명한 뚜껑을 통해서 검은 글자의 문제만 읽을 수 있다. 그리고 답을 알 수 없으면, 핸들을 **그림 28** (a)의 화살표 방향으로 돌리면, 평판 용수철로 밀어 올려져 있는 카드와 카드가 접촉하고 있는 마찰력보다, 카드와 고무 롤러의 마찰력이 크므로, 카드는 고무 롤러의 회전에 수반해서 틈새로부터 빠져 나와서 적색으로 기재된 답을 볼 수 있다.

핸들을 역전시키면, 카드는 또다시 케이스 안으로 되돌아가므로, 카드의 기재 내용에 따라서 틈새로부터 내놓거나, 넣거나 하면서 학습할 수 있다.

학습이 끝난 카드는 핸들을 계속 돌려서 케이스로부터 뽑아 낸다. 케이스 안의 카드는 용수철로 밀어 올리고 있으므로, 최후의 한 장까지 핸들을 돌리는 조작으로 뽑아낼 수 있다.

• **연구를 거듭한다**

또 이 학습기는 케이스 안의 용수철을 떼어 내서, 케이스 뒤쪽의 최하부에 학습이 끝난 카드를 뒤집어서 다시 끼우는 방식으로 바꾸었다.

그것은, 고무 롤러와 카드의 접촉 압력을 유지하는 것이 용수철이었으므로, 그 압력과 같은 정도의 압력이 되도록 카드를 케이스 안에 채우면, 카드를 보낼 수 있으므로, 용수철을 설치할 필요가 없어졌다.

⊙ 나　사

• **나사의 구조**

나사는 나선 모양으로 절삭된 홈의 회전에 따라서 나사 자체, 또는 끼워 넣어진 물체가 직선 운동을 한다.

나사에는, 나사산의 감아 올림이 오른쪽으로 올라간 오른나사와 왼쪽으로 올라간 왼나사가 있다. 감아 올린 각도를 나선각이라 하고, 나사가 1회전해서 축선의 방향으로 진행하는 길이를 리드, 또 나사의 산과 산 사이를 피치라고 부른다.

나선의 줄기수가 1개인 것을 한줄 나사라고 하는데, 보통 볼트·너트 등에 사용되고 있으며, 2줄, 3줄 또는 다줄 나사라고 하는 것도 있다.

또 나사는 나사못처럼 막대 모양의 것에 수나사를 새긴 것을, 직접 나무 등에 비틀어 박는 것도 있지만, 일반적으로는 원통형 기타에 암나사를 새긴 너트 등과 짝을 이루어 사용된다.

• **나사의 종류**

나사산의 모양에 따라서 작은 나사나 볼트 등의 3각 나사, 가스관·수도관 등에 사용하는 파이프용 나사, 잭·프레스 등에 사용되는 사다

리꼴 나사·사각나사, 다시 한 방향의 힘을 특별히 강하게 한 바이스에 사용되는 톱니나사 등의 종류가 있다.

또 3각나사에는 보통 흔히 쓰이는 보통나사 외에, 지름에 대한 피치의 비율이 작은 가는나사·세밀나사가 각각 규격으로 결정되어 있다. 보통 사용되는 3각나사의 보통나사는 다이와 탭이라고 하는 공구로 볼트·너트를 손수 만들 수 있다.

● 나사의 사용법

나사의 용도는 볼트·너트로서 부품의 결합·장착 등에 널리 사용되는 외에, 턴버클이라고 해서 그림 29 (a)와 같이, 2개의 막대 선단에 오른나사와 왼나사를 절삭해서, 틀에 비틀어 박고, 이 구성을 다른 로드나 와이어의 중간에 장착해서, 틀을 비틀어 박는 방향으로 회전시키면, 나사가 서로 잡아 당기는 방향으로 진행해서 로드나 와이어를 긴장시킬 수 있다.

그림 29 (b)는 핸드 프레스의 머리 부분을 나타낸 그림으로, 핸들을 회전시키면, 나사가 축방향으로 내려가서 화살표 방향으로 강한 힘이 작용한다.

● 수동 도르래

그림 29 (c)는 직접 나사를 이용한 것은 아니나, 옛날부터 사용되고 있는 「수동 도르래」의 약도이다.

축봉에 가로대가 상하 가동으로 끼워져서, 가로대의 양끝에서 축봉의 상단에 끈이 쳐져 있다. 축봉의 아래쪽에는 추가 붙어 있으며 끝은 송곳으로 되어 있다.

사용법은 우선 가로대를 손으로 돌려서 축봉의 위쪽 조(組)를 몇번 끈을 감아 놓고, 구멍을 뚫으려고 하는 곳에 송곳을 꽂고, 급속히 가로대를 밀어 내린다. 그러면 끈이 풀리는 힘으로 축봉이 회전한다.

그리고 끈이 풀리기 직전에, 가로대를 누르고 있는 힘을 약하게 하면,

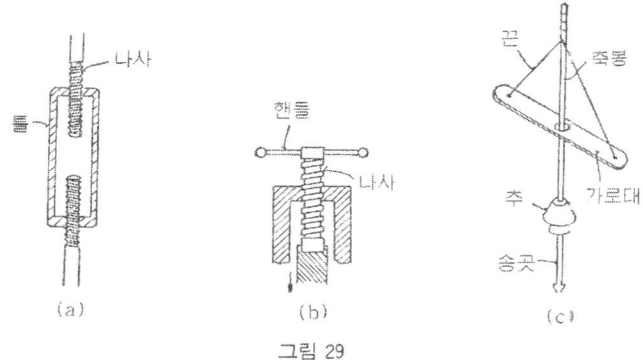

그림 29

추에 회전 관성이 작용하고 있기 때문에, 끈이 역방향으로 감겨서 다시 가로대를 밀어 내리면, 축봉은 역회전을 한다.

따라서 가로대를 밀어 내리거나, 약화시키거나 하는 것으로, 축봉에 장치된 송곳이 정역(正逆)의 회전을 반복해서 단시간에 구멍을 뚫을 수 있다.

언제쯤부터 생각되었는지 알 수 없으나, 옛날 사람의 연구에는 생활의 냄새가 난다.

⊙ 나선지레

• 나선막대의 작용

나사의 지름과 피치를 매우 크게 한 그림 30과 같은 나선 막대를, 크레인으로 매달아 올려서 빌딩 공사의 현상에서 땅속으로 구멍을 뚫고 있는 정경을 본 일이 있을 것이다.

이 나선막대를 회전시키면서 땅 속으로 비틀어 박으면, 나선 둘레의 흙이 깎임과 동시에, 나선면을 전해서 흙이 지상으로 밀려 나와, 지름이 가늘고 깊은 구멍을 팔 수 있다.

나사는 고정된 물체 속으로 비틀어 박으면, 나사 자체가 직선운동을 하지만, 볼트에 너트를 끼워서 볼트를 직진시키지 않고, 회전만 해서 너트가 돌지 않게 하면 너트가 상하운동을 하는 것으로 흙을 지상으로 밀어 올리는 현상을 이해할 수 있다.

그리고 이 너트를 다른 물건으로 바꾸어 놓으면, 그 물건을 이송하는 기계가 된다.

예를 들면, 분체(粉體)나 가는 입자의 이송에 사용되는 스크류 컨베이어는, 임의 지름의 파이프 내에 회전하는 나선 막대를 삽입하고, 한쪽에서 분체 등을 밀어 넣으면, 나사산 사이에 들어간 분체 등은 나선 막대의 회전에 의해서 다른 쪽으로 보내진다.

또 아르키메데스가 생각해 냈다고 하는 영구 운동의 양수기에, 이 나선 막대를 사용해서 높은 곳으로 물을 올리는 그림을 볼 수 있다.

- 1 보다 작은 힘으로 움직일 수 있다

나사는 경사면을 이용한 단기계(單機械)로, 경사면을 따라서 어떤 무게의 물체를 끌어 올리려고 할 때, 양자의 접촉면에 마찰이 없다고 하면, 항상 그 물체의 무게보다 작은 힘으로 끌어 올릴 수 있는 규칙이 있다.

지금 나사못을 판에 비틀어 박지 않고, 보통의 못처럼 머리를 두드려서 박아 넣으려고 하면, 지름이 크기 때문에 대단한 힘이 필요하다. 또 자동차나 가옥을 이동할 때에 사용하는 나사식 잭은 한 손으로 핸들을 돌리는 것만으로 축방향으로 걸리는 무거운 중량을 힘 안들이고 들어올릴 수 있는 것은 모두 이 때문이다.

나사도 역시 랙과 피니언과 마찬가지로, 모양을 바꾸거나, 원동절·종동절을 움직이는 방법에 따라서 다른 운동을 하는 것에 이용된다.

⊙ 링크 장치

- 링크 장치의 구조

막대 모양의 로드를 조합해서 일정한 운동을 전하는 장치를 링크 장치라고 한다.

링크 장치는, 그림 31 (a)와 같이 A·B·C 3개의 로드를 핀으로 결합해서, 어떤 것을 움직이려고 생각해도 각 로드가 서로 방해해서, 어떤 로드도 움직일 수가 없다.

또 그림 31 (b)와 같이 5개의 로드를 결합했을 경우, 로드 D를 고정하고, 다른 A·B·C·E는 움직일 수는 있지만, B·C의 움직임에 대해서 A·E는 점선·2점 쇄선과 같이 멋대로의 움직임이 되기 때문에 기구라고 할 수는 없다. 그리고 그림 31 (c)와 같이 4개의 로드를 결합해서 D를 고정하면, 로드 C·B와 A의 운동은 일정한 규칙 있는 움직임을 한다.

따라서 링크 장치의 로드수는 4개여야 한다는 것을 알 수 있다. 이것으로부터 링크 장치를 4절 기구, 또는 4절 회전 연쇄라고 한다.

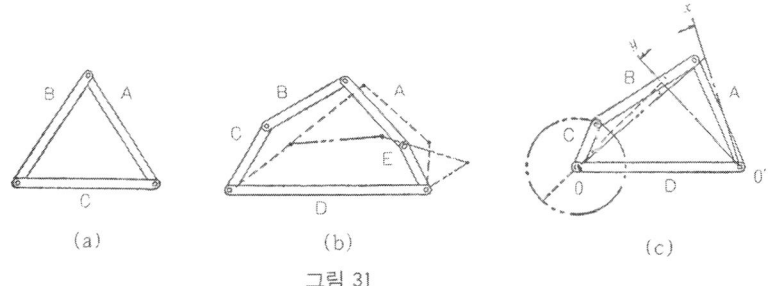

그림 31

● 링크 장치의 종류

그림 31 (c)는 일반적인 링크 장치인데, 로드 D를 고정하고, C를 원운동을 시키면, A는 O′를 축으로 해서 좌우로 목혼들기 운동을 한다. 그 때 A가 흔들리는 범위는, B와 C가 일직선에 오는 2점 x·y의 사이에서, 로드 B의 길이와 관계된다.

연쇄를 기구로 하기 위해서는, 4개의 로드 가운데 어느 1개를 고정하게 되는데, 어느것을 고정하느냐에 따라서 여러가지 기구로 바꿔 놓을 수 있다.

예를 들면, 그림 31 (c)와 같이 연결된 각 로드는, 연결부가 전부 회전대우가 되지만, 이 가운데 A와 D를 미끄럼대우로 바꾸면, 그림 32 (a)와 같이 슬라이더 크랭크 연쇄가 되며, C의 회전에 따라서 A는 좌우의 왕복 운동을 반복한다.

그림 32 (b)는 자동차의 앞바퀴 조향(操向) 장치인데, 차축과 조종간 연접봉 및 그것을 연결하는 크랭크로 구성되며, 핸들 조작 바퀴로부터의 암이 크랭크를 요동시켜서 연접봉을 거쳐 반대쪽 크랭크도 움직여서 바퀴의 방향을 바꾼다.

그 밖의 링크 장치는 내연기관의 피스톤과 크랭크축, SL기관차의 바퀴 등 큰 기계류에서부터 작은 기구류에 이르기까지 폭넓게 사용되고 있다.

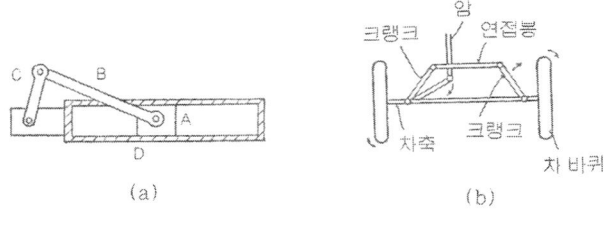

그림 32

링크 장치는 앞에서 말한 대우의 종류를 바꾸는 외에, 각 로드의 길이를 바꿈으로써도 그 움직임이 변화하므로, 길이가 다른 로드의 조합이나 미끄럼 대우로 하든가, 회전 대우로 바꾸어서 여러가지로 실험해 보면 흥미가 끊이지 않는다.

⊙ 팬터그래프(축도기)

• 팬터그래프의 짜임새

링크 장치가 상대하는 로드의 길이를 똑같이 해서 평행사변형을 만들면, 어느 1변을 움직이더라도 대변은 항상 평행운동을 한다.

어떤 원 그림을 다른 종이에 확대 또는 축소해서 그릴 수 있는 용구로서 팬터그래프라고 하는 것이 있다. 그림 33 (a)는 보통의 팬터그래프의 짜임새인데 장·단 2쌍의 4개의 로드를 마주 보는 변의 길이를 똑같이 해서 평행사변형을 짜서, 결합 핀으로 팬터그래프를 만들고, 복사 핀으로 원그림을 본떠 필기구로 그리면, 원그림보다 확대해서 그릴 수 있다.

가령 결합 핀 1과 필기구의 길이가 결합 핀 2와 복사 핀의 길이의 배이면, 원그림의 2배로 그릴 수 있다. 또 반대로 복사 핀에 연필을 꽂아서 필기구가 있는 곳에서 원그림을 본뜨면 2분의 1로 축척된 것이 그려진다. 다시 축척의 비를 바꾸고자 할 때에는, 그림 33 (a)의 점선처럼 상대하는 로드에 같은 간격의 구멍을 뚫어서, 다시 짜지도록 해서 결합 핀 1과 필기구, 결합 핀 2와 복사 핀의 비를 바꿔 주면 된다.

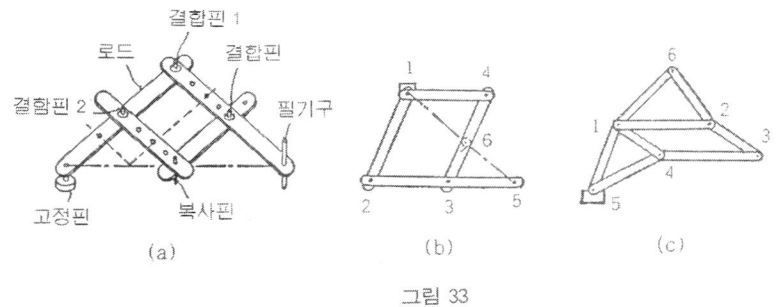

그림 33

이 때, 상대되는 변을 같은 길이로 하면 고정 핀, 복사 핀 및 필기구의 3점은 항상 일직선이 된다.

그림 33 (b)는 색다른 짜임새로, 1은 고정점, 5가 복사 핀, 6이 필기구이며, 이 경우에도 3개의 점 1·6·5는 일직선이 된다. 그 길이의 비율은 2·3의 길이와 2·5의 길이의 비가 된다.

그림 33 (c)는 실베스터라고 하는 사람이 발명한 엇갈린 팬터그래프

이다. 결합점 1·2·3·4를 연결하여 평행사변형을 만들며, 삼각형 1·2·6과 5·4·1은 닮은꼴로 되어 있다.

5가 고정점이고 6과 3이 복사 핀과 필기구가 되며, 길이의 비율은 4·5의 길이와 1·5의 길이의 비가 된다.

● 팬터그래프의 용도

팬터그래프는, 이들 확대, 축소 기구 외에 평행 운동을 하므로, 그림 34 (a)에 나타낸 제도기에 사용된다. 같은 길이의 2쌍의 로드를 평행으로 짜서, 한쪽을 제도판의 한쪽 구석에 고정하고, 다른 쪽에 L자형 자를 붙이면, 각 결합부는 모두 회전 자유로 되어 있다.

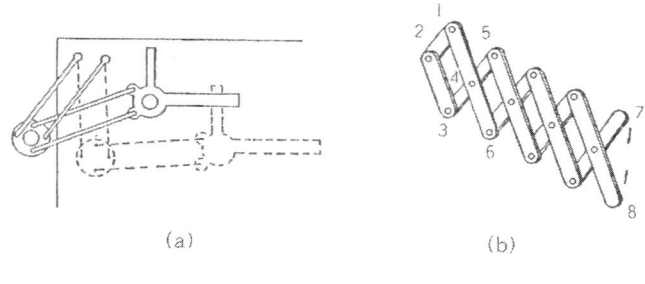

그림 34

이와 같은 짜임새로 하면, 제도판의 어느 위치에 자를 이동하여도 원래의 위치에 대해서 평행하게 되어 수직·수평의 선을 용이하게 그릴 수 있다.

또, 평행사변형을 몇개고 연결한 그림 34 (b)처럼 늘어났다, 줄어 들었다 하는 팔은, 결합점 1·2와 3·4, 1·4와 2·3의 길이가 똑같게 되어 있어서, 7·8을 화살표 방향으로 밀거나 벌리거나 하면 전체가 똑바로 늘어나거나 줄어든다. 「레이지 통」 또는 「신축 집게」라고 한다.

전화기의 받침대나 빨래대의 팔, 또는 사진 8의 문짝 등, 매우 널리 사용되고 있는 구조이다.

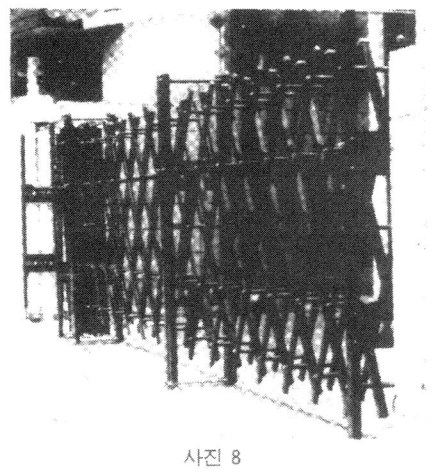

사진 8

• 구구 체조

또하나 팬터그래프를 응용한 고안을 소개해 두자.

사진 9는 만화의 캐릭터, 카바든이 손과 발을 벌리거나 오그리거나 하는 것인데, 구구의 산식(算式)과 답을 읽을 수 있는 구구 연습기이다.

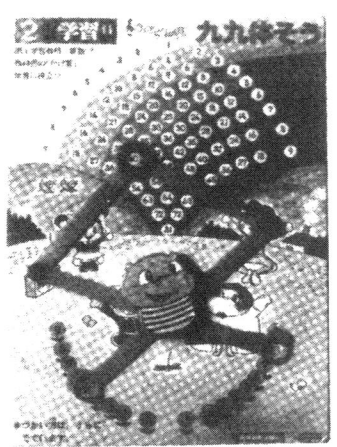

사진 9

카바돈의 손에는 2개의 막대를 쥐고, 막대 끝에 결합하는 고리가 설치되어 있다.

양쪽 발끝에도 둥근 고리가 붙어 있으며, 각 구부러진 부분은 모두 회전자유로 되어 있다.

그리고 언덕 위에는, 위쪽에 부채꼴로 답의 숫자를, 아래 쪽에는 1~9 까지의 숫자가 좌우로 나누어서 반원 모양으로 표시되어 있다.

양쪽 발의 고리로 산식의 숫자를 속에 넣으면, 카바돈의 등을 중심으로 해서 (이 부분도 교차 결합되어 있다) 발의 움직임에 따라, 손끝의 고리도 이동하고, 고리 속에 산식의 답이 나오는 짜임새이다.

매우 심플한 사용 방법이지만, 재미있는 조작을 할 수 있다.

구구뿐만 아니라 2개의 관련 사항을 구하는 기구로서 이용할 수 있다.

⊙ 세로형 팬터그래프의 연구

- 팬터그래프의 결점

앞에서도 설명한 4개의 로드를 평행사변형으로 짠 팬터그래프는 옛날부터 그대로의 모양으로 현재도 사용되고 있다.

그러나, 이것을 사용해 보면, 값이 싼 것은 핀의 결합이 좋지 않든가, 강성(剛性)이 약해서 정확하게 베낄 수 없는 것, 또 꼭지점의 결합 핀이 원그림이나 그리는 종이에서 비어져 나와 걸리게 되는 결점에 생각이 미친다.

그리고 정확하게 그릴 수 없는 원인이 되는 핀의 놀기나 강성은 소재를 바꾸거나, 제작을 할 때 단단하게 만들면 없앨 수 있지만, 결합 핀이 비어져 나오는 것은 구조를 바꿔야 한다.

그래서 I씨는 팬터그래프의 조립을 세로형으로 하고, 방해가 되는 결합 핀을 위로 올려버리면 어떻게 될까 하고 생각한 끝에 즉시 시험 제작을 해 보았다.

결국 사진 10과 같이, 4개의 로드를 세로로 짜고, 고정 핀은 핀을 중심으로 회전할 수 있게 하고, 복사 핀에서 옆으로 홈붙이 로드를 늘리고, 그 홈을 따라서 필기구가 좌우로 움직일 수 있는 구즈로 하였다.

이 홈붙이 로드는, 팬터그래프는 고정 핀, 복사 핀 및 필기구가 언제나 일직선으로 되어야만 한다는 규칙이 있는데, 그것은 필기구를 설치하고 있는 로드가 옆으로 흔들려서, 이 규칙에서 벗어나기 때문이라고 한다.

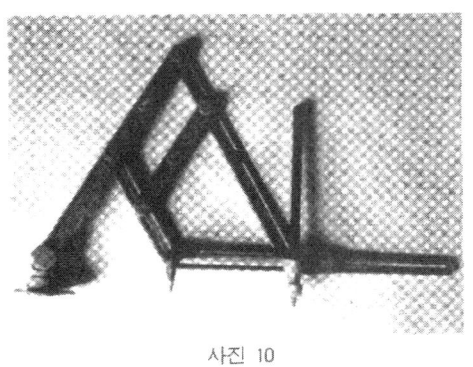

사진 10

- 정석(定石)을 알자

발명의 정석에, 큰 것을 작게, 안쪽을 바깥쪽으로 등,「반대로 하면」이라는 것이 있다. 이 연구도 가로를 세로로 한 반대의 발상에서 생겨난 것으로, 세로로 하는 것에 생각이 미쳐서, 그것을 시험 제작이라고 하는 실행으로 옮기면, 고정부를 회전하는 대(臺)로 한다든가, 옆으로 흔들리지 않는 홈붙이 로드를 설치하는 것은 저절로 손이 생각해 준다.

생각해 내면 만들 것, 이것은 발명・연구의 완성에 가장 중요한 일이다.

이 세로형 팬터그래프는 학습 연구사에 채용되어서 학습 잡지의 부록에 사용되었다.

62 제2부 움직이는 메커니즘

⊙ 크랭크의 응용

• 가솔린 엔진의 구조

크랭크라고 하면 바로 자동차 등의 내연기관이 떠오른다.

그림 35 (a)는 가솔린 엔진의 약도이며, 실린더 내의 폭발에 의해서 피스톤이 밀려 내려져서 커넥팅 로드와 연결된 크랭크축에 회전을 주는

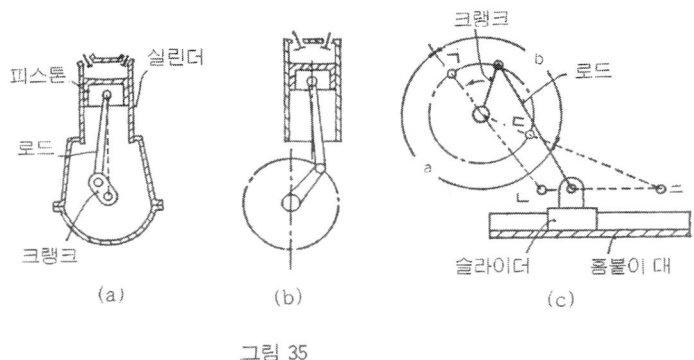

그림 35

것이다.

직선과 회전의 조합은, 원동 바퀴의 직선 운동을 종동바퀴의 회전 운동에, 또 그 반대도 가능하지만, 원동 바퀴의 직선 운동에 따라서 종동 바퀴에 회전을 줄 경우, 종동바퀴에 언제나 한 방향으로만 회전할 수 있게 플라이휠을 붙이는 경우가 많다.

그것은 상사점(上死點)·하사점(下死點)이라고 하는데, 예를 들면 가솔린 엔진의 경우, 피스톤과 크랭크축을 연결하는 선이, 그림 35 (a)의 점선과 같이 수직선상으로 되었을 때인데, 이 위치가 크랭크의 정역 회전의 갈림길이 되기 때문이다.

이 한 방향의 관성을 만들기 위해서, 자동차에서는 플라이휠이라고 하는 무거운 바퀴를 돌리고 있다. 페달형 재봉틀에서도 큰 바퀴를 사용하고 있는 것은 이 때문이다.

회전운동과 직선운동을 조합한 장치   63

● 발명 상담

　바로 얼마 전에 어떤 사람으로부터, 이 사점(死點)을 없애는 엔진을 생각해 냈다는 상담을 받았다.
　그것은, 그림 35 (b)와 같이 피스톤과 크랭크의 축을 조금 엇갈려 놓으면, 커넥팅 로드와 크랭크가 일직선이 되지 않기 때문에, 사점이 없어지는 것이 아니냐고 하는 생각이었다.
　전적으로 그대로이며, 머리가 좋은 사람이라고 감탄하였다. 그러나, 유감스러운 것은, 이 오프셋 실린더라고 하는 것은 옛날부터 있는 것으로, 발명이 되지는 못했다. 이 밖에 각도를 바꾼 2개 이상의 크랭크를 설치해서 사점을 없애는 방법도 있다.
　그러나, 원동바퀴를 회전 운동으로 할 때에는 이러한 걱정은 없다.

● 급속 귀환 기구

　또 피스톤과 크랭크의 위치 관계를 바꾸면 그림 35 (c)와 같은 급속 귀환 기구라고 하는 것이 된다. 크랭크의 일정 회전으로 피스톤의 직선 운동이 왕로와 귀로에서 속도가 다른 구조이다.
　홈붙이 대의 위를 슬라이더가 좌우로 미끄러질 수 있게 되어 있으며, 크랭크와 슬라이더는 로드로 연결되어 있다.
　이렇게 해서 크랭크가 화살표 방향으로 돌면, 크랭크와 슬라이더의 관계는 ㄱ과 ㄴ에서 왼쪽 끝으로, ㄷ과 ㄹ에서 오른쪽 끝으로 오게 된다.
　그렇게 되면, 크랭크가 ㄱ에서 출발해서 ㄷ으로 가는 왕로의 거리 a는, ㄷ에서 ㄱ으로 가는 귀로의 거리 b보다 길어져서, 크랭크가 등속으로 회전하면, 왕로는 시간이 오래 걸리고 귀로는 짧고 빠르게 된다. 이것은 물체를 연속적으로 내보내는 장치에 사용되고 있는데, 옛날 사람은 이상하다고 생각하는 구조를 잘도 생각해 낸 것이다.

제2부 움직이는 메커니즘

● 크랭크의 이용

그림 36 (a)는 실톱 장치이며 크랭크의 회전은 슬라이더에 상하의 직선 운동을 주고, 위쪽에 있는 또 하나의 슬라이더와의 사이에 톱날을 부착한 것이다.

그림 36 (b)는 조속기(調速機)의 기구인데, 회전과 직선의 면이 같지 않으며, 수직면의 회전으로 수평면의 직선운동을 하는 것으로, 4개의 암으로 지지한 추가 좌우에 부착되어 있으며, 아래쪽의 결합부에도 중심추가 붙어 있어 전체가 중심축의 둘레를 회전할 수 있게 하였다. 또한 중심추는 중심축을 따라서 상하로 움직일 수 있게 되어 있다.

이와 같이, 어떤 속도로 회전하면, 화살표와 같이 좌우의 추는 원심력으로 바깥쪽으로 내던져지기 때문에, 중심추는 암으로 위쪽으로 끌어 올리게 되어, 좌우의 추와 중심추의 무게의 균형으로 회전 속도가 조절된다. 자동차의 디스트리뷰터 그 밖의 조속기에 이 방법이 많이 사용되고 있다.

그림 36 (c)는 타원 컴퍼스의 예인데, 세로홈과 가로홈이 십자로 직교하며, 각각의 홈에 슬라이더가 끼워져 있고, 양쪽의 슬라이더는 로드로 연결되어 있다. 이 구성은 크로스 슬라이더 연쇄라고 부른다.

그리고, 로드의 끝에 필기구를 붙여서, 1회전시키면 각 슬라이더가 세로·가로의 홈을 스치면서 움직이므로, 필기구는 타원을 그리게 된다.

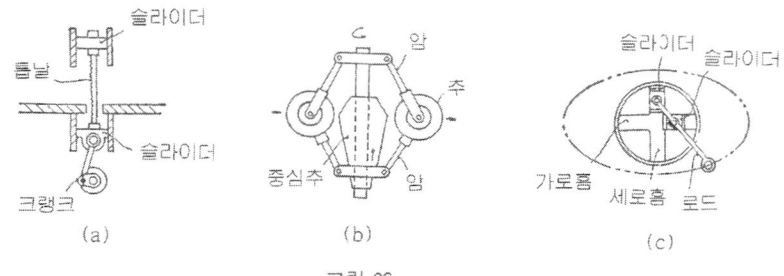

그림 36

회전운동과 직선운동을 조합한 장치 65

이와 같이 링크 장치는 상대와의 연결 방법이나 조합에 의해서 회전과 직선 운동의 중간 역할을 하면서 여러가지 일을 해 준다.

⊙ 크랭크 완구

• 재미있는 것의 관찰

어느날 백화점의 장난감 매장에서 재미있는 장난감을 발견하였다. 그것은 사진 11과 같이 예쁘장한 신발이 한 켤레 놓여 있었는데, 태엽 동력으로 한쪽씩 발끝을 번갈아 쳐들면서 걷는 것이었다. 신발만 걷는다고 하는 것은 이상한 이야기이지만, 그곳에 유머가 있어 재미가 있다.

부랴부랴 손에 넣어 덮개를 벗겨 보았더니, 그림 37과 같이 한쪽 신발 바닥에 카세트식 태엽과 기어를 수용한 기어실이 끼워져 있고, 몇 개의 기어열을 거쳐 (기어실은 열지 않았다), 구동 기어가 실외로 밀려나와 있으면서, 기어실의 옆에 설치되어 있는 수동(受動) 기어와 맞물려 있

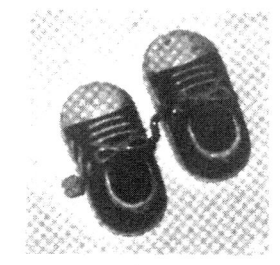

사진 11

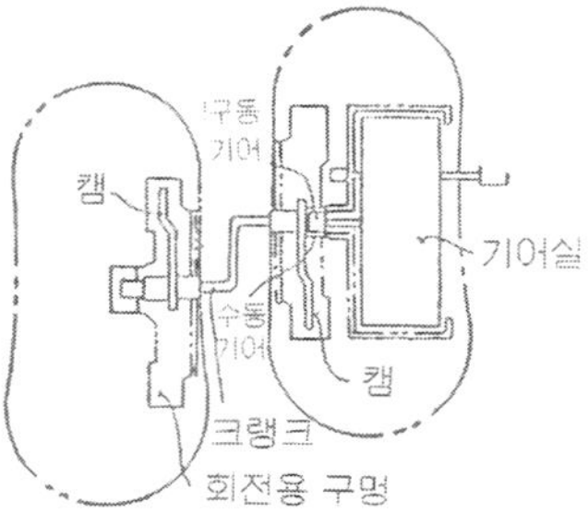

그림 37

다.

그리고 수동 기어와 일체로 되어 있는 회전축과 또 한쪽의 회전축이 Z자 모양의 크랭크로 연결되어 있었고, 또 양쪽의 회전축에는 180도 위상을 바꾼 캠이 고정되어 있었으며, 캠이 회전하기 위한 회전용 구멍이 뚫려 있었다.

이렇게 해서 태엽을 감아 올려서 바닥 위에 놓으면, 구동 기어로 크랭크가 돌려져서 좌우의 신발이 번갈아 전진한다. 이 때 축에 고정된 캠도 함께 회전하기 때문에 발끝을 올리는 작용을 한다.

• 구조를 하나 더 가한다

보통 크랭크의 회전 운동이 직선 운동을 시키는 길이(거리)는 크랭크가 구부러진 높이에 한정된다. 그런데 이 완구에서는 크랭크축의 위상에 맞추어서 구부러진 높이보다 길게 한 캠을 회전축에 장착함으로써, 구부러짐을 크게 하지 않고 발끝을 들어 올리는 액션과, 직선 운동의 길이인 보폭(步幅)을 크게 하는데 성공하였다.

만일 이 캠이 없었다면, 신발은 적은 보폭으로 사뿐한 걸음으로 움직일 뿐이어서 귀여움도 반감될지 모른다.

지금까지 알려지고 있는 많은 기구는, 모두 어떤 조건하에서 정해진 운동을 하지만 그들의 기구를 2개든 3개든 교묘하게 조합시키면, 이 완구처럼 지금까지 알려지지 않은 움직임으로 되는 것이다.

이 밖에, 크랭크를 이용한 장난감은, 걸어가는 인형, 배를 젓는 인형, 또는 양팔을 회전해서 헤엄치는 인형 등 여러가지가 있다. 눈에 띄면 어디에 특징이 있는지, 잘 관찰하는 것이 필요하다.

⊙ 미니어처 영화관

• 크랭크의 이용 연구

사진 12는 영화 필름의 한 화면마다 조금씩 변화시킨 그림을 늘어 놓

회전운동과 직선운동을 조합한 장치 67

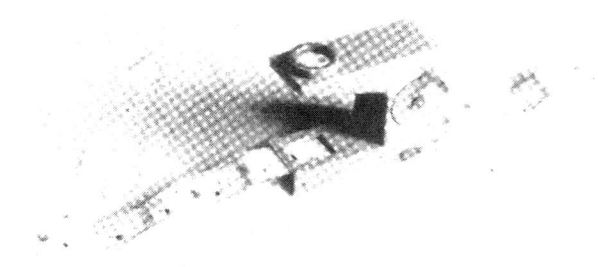

사진 12

은 종이 필름을 크랭크 운동으로 간헐적으로 이송하도록 한 애니메이션이다.

알고 있는 바와 같이 그림이 움직이고 있는 것처럼 보이기 위해서는, 필름이 연속적으로 움직일 뿐만 아니라 시간 간격을 두고 움직이거나 멈추거나 할 필요가 있다. 그것을 어떻게 해결하고 있는지 알아 보자.

구조는 그림 38과 같이 바닥이 2중으로 되어 있는 좁고 긴 대 위에, 기어와 크랭크를 장치하는 기어실이 마련되어 있고, 기어실의 한쪽을 연장시킨 암에 접안 렌즈를 설치했으며, 그 바로 밑에 종이 필름이 나타나는 창이 열려 있다.

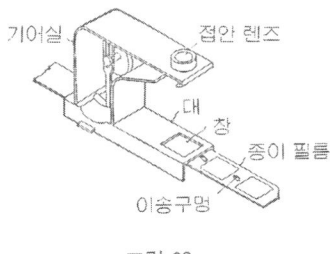

그림 38

기어실의 내부는, 그림 39 (a)의 단면도로 나타낸 것과 같이, 핸들이 붙어 있는 랙과 크랭크 풀리와 일체로 되어 있는 피니언이 맞물려 있다.

로드는 상단이 크랭크 핀으로 회전 자유로 끼워지고, 중앙부의 긴 홈

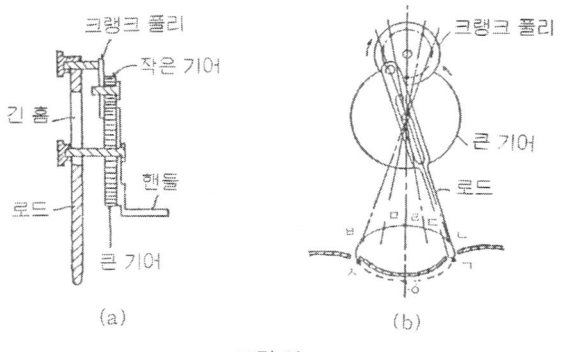

그림 39

에 랙의 축이 끼워져 있다.

이렇게 핸들을 돌리면, 크랭크 풀리가 돌려져서, 로드는 **그림 39** (b) 처럼 움직이며, 그 선단은 ㄱ점에서 ㄴ, ㄷ, ㄹ, …… 로 차례차례 이동해서 ㅅ점에 이르고 ㅇ점을 지나서 ㄱ점으로 되돌아가는 타원형 운동을 한다.

종이 필름은 한 화면마다의 그림과 그림 사이에 이송 구멍이 뚫려 있어 대(臺)의 가운데를 빠져 나가는데, 로드가 작용하는 하면은 원호상으로 되어 있어, ㄱ점과 ㅅ점에서 로드의 선단이 종이 필름의 구멍으로 들어가게 되어 있다.

따라서 핸들을 화살표 방향으로 계속 돌려도 ㄴ점에서 ㅂ까지는 종이 필름을 움직이지 않고, ㅅ점에서 로드 선단이 구멍으로 들어가서 ㅇ점, ㄱ점으로 옮기고 한 화면 필름을 이송하기 때문에, 어떤 간격을 띄고 필름이 이송되어, 접안 렌즈로 그림을 들여다 보면서 핸들을 계속 돌리면, 동화(動畫)를 즐길 수 있다.

◉ 캠의 구조

• 판 캠

여러가지 외형을 가진 판이나 꼬불꼬불 구부러진 홈이 있는 판 등을

회전운동과 직선운동을 조합한 장치   69

캠이라고 부르며, 이것을 원동바퀴로 해서 회전 또는 직진시키면 종동 바퀴에 변화가 있는 운동이 주어진다.

가장 간단한 것은 그림 40 (a)의 판 캠인데, 판의 일부에 호리병박처럼 툭 튀어 나온데가 있는데, 이것을 회전 자유로 장착하고, 종동바퀴인 로드는 선단에 작은 바퀴가 부착되어 있는데, 중력 또는 스프링으로 언제나 캠의 외주(外周)에 접촉하고 있도록 되어 있다.

이렇게 해서 캠을 회전시키면, 작은 바퀴가 산 모양의 부분과 둥근 모양의 부분에서, 로드는 상하 왕복운동을 한다. 내연기관의 밸브의 개폐는 이 판캠이 샤프트(축)에 나란히 설치되어 있다.

일반적으로 원동 바퀴의 캠과 종동바퀴의 접촉면은 저항이 커지므로, 그림과 같은 작은 바퀴를 설치하거나, 면을 담금질해서 단단하게 하였다.

판의 외형을 특수한 모양으로 하지 않더라도, 그림 40 (b)와 같이 원판의 중심을 편심(偏心)시켜서, 원판을 2개의 작은 바퀴로 끼우듯이 장

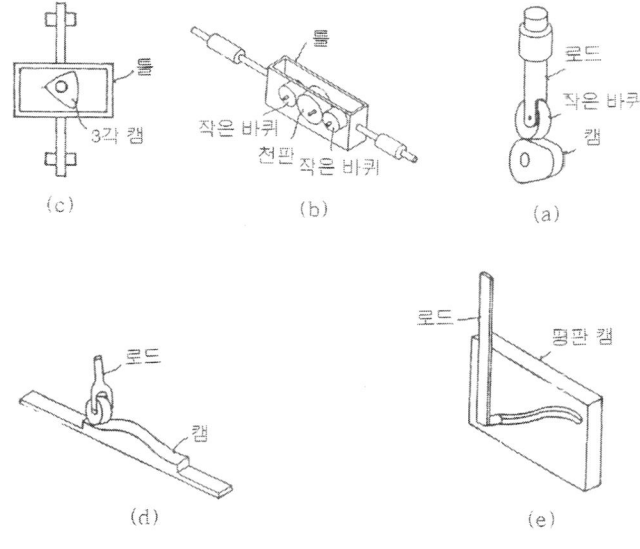

그림 40

치한 틀로 만들고, 틀을 좌우로 움직일 수 있게 틀 밖으로부터 원판을 회전시키면, 원판의 회전에 의해서 틀은 좌우 왕복운동을 한다.

또, 그림 40 (c)와 같은 3각 캠을 편심해서 회전 자유로 설치하고, 상하로 움직일 수 있는 축으로 지지한 틀 가운데에 넣으면, 3각 캠의 회전은 3각의 저각부(底角部)가 틀의 상하면에 접했을 때, 틀을 오르내리게 해서 저변부에서 움직임을 쉬는 운동을 한다.

- 직선운동 캠

캠의 운동은 회전뿐만 아니라, 직선 운동 캠이라고 해서, 그림 40 (d)와 같은 산 모양의 캠을 좌우로 움직여서, 로드를 상하 운동시키는 것, 그림 40 (e)의 판 측면에 홈을 마련해서, 로드의 선단을 끼워 넣고, 판을 좌우로 움직이는 것으로 로드에 상하 운동을 시키는 것 등이 있다.

어느 경우에도, 캠은 산의 모양이나 홈의 모양의 변화에 따라서, 종동 바퀴의 움직임, 움직이는 양, 혹은 움직이는 횟수를 바꿀 수 있기 때문에, 제조 기계나 자동 기계 등 큰 것부터 완구와 같이 작은 것까지 널리 사용되고 있다.

◉ 입체 캠

- 홈을 판 캠

평판 캠에 대하여 입체 캠이라고 하는 것이 적당한 표현은 아닐지도 모르나 판 대신 원통이나 구(球)와 같은 입체적인 것에 특수한 홈을 마련해서, 종동 바퀴에 왕복이나 요동을 시키는 캠도 많이 있다.

그림 41 (a)는 원통 표면에 홈을 판 원통 캠이라고 하는 것으로, 원통에 비스듬히 한 바퀴 도는 홈이 파져 있고, 로드에 마련되어 있는 핀이 홈에 끼워져 있다. 원통은 회전 자유이며 로드는 좌우로 움직일 수 있게 장치된다.

이것으로 원통을 회전시키면, 원통의 1회전으로 로드는 좌우로 1왕복

회전운동과 직선운동을 조합한 장치 **71**

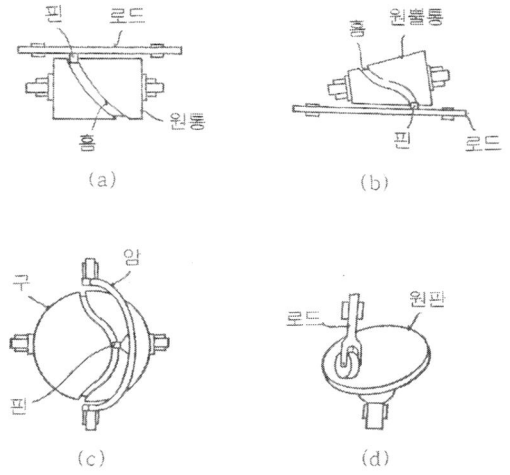

그림 41

한다. 또 로드를 움직이지 않도록 고정시키고, 원통의 지축(支軸)을 길게 해서 좌우로 움직일 수 있게 하면, 원통의 1회전으로 원통 자신이 좌우로 1왕복한다.

그림 41 (b)와 같이 원뿔 모양의 통 둘레에 여러가지 홈을 판 것을 원뿔 캠이라고 한다. 원통 캠과 똑같이 한 바퀴 도는 홈을 파서, 로드의 핀을 끼워 넣고, 원뿔 캠을 회전 자유, 로드는 좌우로 움직일 수 있게 해두면, 원뿔 캠의 1회전으로, 지름이 가는 곳과 굵은 곳에서 속도가 바뀌어서, 로드는 좌우 왕복 운동을 한다.

또 그림 41 (c)와 같이 구체(球體)에 특수한 홈을 판 것을 구체 캠이라고 한다. 그림은 구의 표면에 요동하는 홈이 파져 있는데, 이것을 지름 방향의 횡축에 회전 자유로 장치하고, 횡축과 직교하는 아치형 암을 회전자유로 지탱해서, 암의 중앙부에 마련한 핀을 홈에 끼워 넣고 있다.

이와 같이 구를 회전시키면, 암은 특수한 진폭과 속도로 좌우로 요동한다.

72 제2부 움직이는 메커니즘

• 사판(斜板) 캠

이 밖에 원통이나 구체 등의 표면에 홈을 파지 않고, 그림 41 (d)와 같이 회전축에 대해서 경사한 원판을 장치하고, 회전축과 평행하게 작은 바퀴를 설치한 로드를 상하로 움직이도록 장치한 것이 있다. 이것은 사판 캠이라고 하는데, 경사 원판을 회전시키면 로드는 상하 운동을 한다.

이 기구로 로드의 장치를 상하의 움직임과 함께 좌우로도 움직일 수 있게 하면, 작은 바퀴를 경사 원판의 중심에 접근시킬수록 경사원판의 지름이 작아지고 경사의 고저의 차도 작아지기 때문에, 로드의 상하 운동은 행정이 짧아진다.

◉ 요동하는 캠

• 흔들리는 캠

한쪽 끝 또는 전체가 요동하는 작용을 시키는 캠에는 여러가지가 있다.

그림 42 (a)는 원판의 한쪽 면에 원둘레를 따라서 물결 모양의 홈을 연속해서 파고, 회전 자유로 장치해서, 그것에 회전축으로 지지한 로드의 선단을 홈에 끼워 놓고, 원판을 회전시키면 로드의 다른쪽 끝은 좌우로 심하게 요동한다.

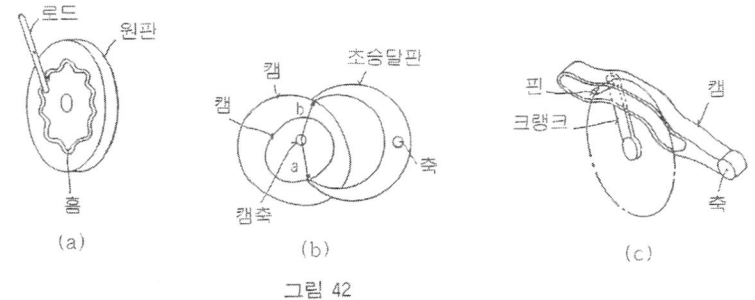

그림 42

원판에 파는 홈의 모양에 따라서, 요동의 진폭이나 속도를 바꿀 수 있다.

그림 42 (b)에 나타낸 것은 같은 축에 2개의 캠을 겹쳐서 고정하고, 초승달 모양의 판 양끝이 각각 2개의 캠의 외연에 접하도록 회전축에 부착한다.

이 경우 2개의 캠의 모양과 겹치는 것은 캠축의 중심에서 초승달판 선단까지의 거리의 합 a+b는 어떤 위치에서도 일정하게 되도록 한다.

이렇게 해서 겹친 캠을 회전시키면, 초승달판의 선단이 축을 중심으로 상하로 요동한다.

평판 캠이나 사판 캠과 같이 원동바퀴와 종동바퀴가 구름 또는 미끄럼 접촉으로 운동을 전하는 것은 용수철이나 중력으로 언제나 원동바퀴와 종동바퀴가 접촉하고 있도록 해두지 않으면, 접촉이 떨어지는 일이 있어 확실한 운동을 전할 수 없다.

그러나, 그림 42 (a)·(b)에 나타낸 것과 같은 캠이나 앞에서 설명한 판이나 통에 홈을 파서 종동 바퀴의 핀을 끼워 넣은 캠은, 홈에서 핀이 빠지지 않는 한 종동바퀴에 일정한 운동을 전할 수 있다. 이러한 캠을 확동(確動) 캠이라고 부른다.

● 역캠

또 캠은 항상 원동바퀴가 된다고 설명하였지만, 그림 42 (c)와 같이 크랭크의 한쪽 끝에 설치된 핀을, 축을 중심으로 해서 요동하는 캠의 홈에 끼워서, 크랭크의 회전에 따라서 캠을 상하로 요동시키는 것도 있다.

이러한 캠을 역(逆)캠, 또는 반대 캠이라고 한다.

이와 같이 캠은 홈의 모양이나 외형, 혹은 종동바퀴의 지지 방법 등, 간단한 구성으로, 동일 면 혹은 직교한 면에 여러가지 복잡한 운동을 만들어 낼 수 있다.

⊙ 캠의 이용

• 판금 머신의 연구

동판이나 알루미늄판 등 부드러운 금속판에 글자나 그림을 그리고 바깥 둘레를 펀치로 두드려서 글자나 그림을 표면에 드러내게 하는 공작이 있다.

이 공작은 쇠망치와 펀치로 한번씩 두드려서 하기 때문에 대단한 끈기가 필요하다. 그것을 대량 생산적으로 빨리 할 수 없을까, 하고 생각해낸 것이 **사진 13**의 판금 머신이다.

사진 13

내부의 구조는 **그림 43** (a)와 같이 바깥 상자의 중앙에 홈이 패어 있고, 그 속에 용수철로 언제나 밑으로 눌려서 상하로 움직이는 접동봉에는 윗부분에 돌기가 마련되어 있고, 아래쪽에는 끝이 **뾰족한** 금속 못이 끼워져 있다.

그리고 홈의 앞면에 4개의 볼록부가 있는 캠이 외부의 핸들로 회전할 수 있도록 되어 있다. 제일 밑에는 머신을 지지하는 투명한 커버가 설치되어 있다.

회전운동과 직선운동을 조합한 장치 75

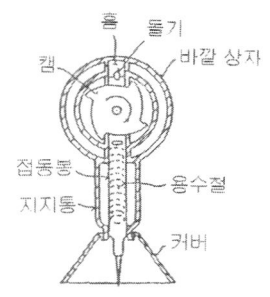

(a)

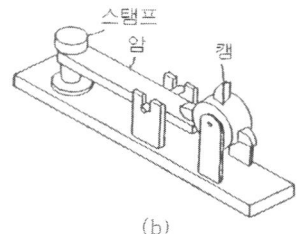

(b)

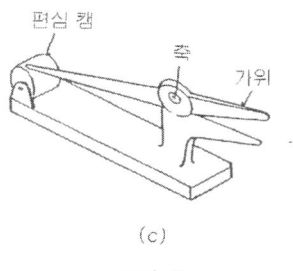

(c)

그림 43

 이것으로 공작하려면, 알루미늄판 등 부드러운 금속판 위에 그림이나 글자를 그리고, 투명한 커버로 들여다 보면서 그림 등의 둘레를 두드리는 것인데, 그 작용은 바깥쪽에 있는 핸들로 캠을 화살표 방향으로 돌리면, 캠의 산이 돌기와 부딪쳐서 용수철에 저항해서 돌기를 들어 올리고, 접동봉과 함께 선단의 못이 들어 올려진다.

그리고 다시 핸들을 계속 돌리면 캠과 돌기가 떨어져서, 못은 용수철의 힘으로 아래로 밀려 내려가서 판을 두드린다고 하는 장치이다.

캠의 산은 4개 있기 때문에, 핸들의 1회전에 판을 4회 두드리게 되어, 순식간에 그림을 만들어 낼 수 있다.

이 머신은, 작품이 완성된다는 즐거움도 크지만, 탁, 탁,……하고 리드미컬한 소리를 내면서 두드리는 것에 흥미가 있다.

● 스탬프 머신과 시어링 머신

판금 머신과 똑같은 지구로, 옛날에는 스탬프를 누르는 기계가 있었다. 그림 43 (b)가 그 약도인데, 4개의 캠을 설치한 바퀴가 앞쪽에 스탬프를 장치한 암을 밀어 올리도록 장치되어 있다.

이렇게 해서 캠을 돌리면, 캠의 산이 암의 끝을 밀어 내리는 것으로 스탬프를 들어 올리고, 산이 벗겨지면 중력으로 스탬프가 내려가서 누를 수 있다. 이것도 캠의 1회전으로 4회 스탬프할 수 있게 된다.

또, 그림 43 (c)는 시어링 머신이라고 하는 것으로 두꺼운 철판 등을 자르는 기계의 가장 심플한 모양의 것이다. 한쪽이 윗날과 아랫날이 축을 지점(支點)으로 해서 맞물리는 가위로 되어 있으며, 윗날에는 긴 자루가 달려 있는데, 뒷쪽에 설치한 편심 캠까지 뻗어 있다.

이것으로 캠을 회전시키면, 자루가 상하로 움직여서 가위가 개폐된다.

지점에서 자루의 길이를 길게 하면, 지렛대의 원리로 가위 부분에 강한 힘이 작용하므로, 두꺼운 철판이나 막대 재료를 용이하게 자를 수 있다.

● 속도와 일의 크기를 바꾸는 장치

⊙ 길이의 확대

• 운동량을 바꾼다

마찰 바퀴나 기어는, 바퀴의 지름, 이의 수를 바꿔서 조합하는 것으로 원동절에서 종동절에 전달하는 운동의 속도를 증감할 수 있었다.

여기서 설명하는 기구는「변위의 확대」라고 해서 조작하는 양은 얼마 되지 않더라도, 작용하는 운동량은 매우 커지는 장치이다.

그림 44 (a)는 계기류(計器類)의 지침에 흔히 사용되고 있는 장치인데, 3각형의 지침이 지점에서 지지되어, 힘점에 약간의 힘이 가해지면, 작용점에 있는 지침의 선단이 크게 흔들리며 움직인다. 지점을 중심으로 해서, 힘점과 작용점까지의 반지름을 그려 보면, 몇배의 움직임이 되

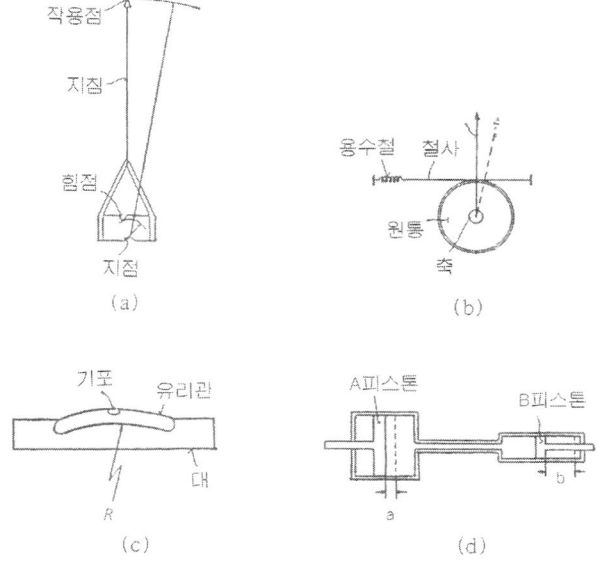

그림 44

는 것을 알 수 있다.

그림 44 (b)는 열선(熱線) 모양의 전류계에서 볼 수 있는 지시를 확대하는 장치이다. 가느다란 철사의 한쪽 끝을 고정하고, 원통을 한번 감아서 용수철로 잡아 당기고 있으며, 원통의 중심 회전축에 지침이 고정되어 있다.

철사의 신축에 따라서 원통이 돌려져 지침을 움직인다. 원통의 지름과 지침의 길이와의 비율이 클수록 지침 선단의 운동량은 커진다.

- 수준기와 수압기

그림 44 (c)는 목수들이 흔히 사용하는 수평을 재는 기포식 수준기이다. 액체가 들어간 유리관을 큰 R로 만곡시켜 놓으면, 대(臺)의 약간의 기울기로 기포의 이동이 커지고, 기포의 안정도 좋아져서 정확한 수평을 볼 수 있다.

또 그림 44 (d)는 앞에서도 말한 수압기의 원리도인데, 대소 2개의 실린더가 파이프로 연결되어 각각의 피스톤 A·B가 끼워져 있으며, 양쪽의 피스톤 사이에 액체가 들어 있다.

지금 A의 피스톤을 a만큼 밀었다고 하면, 그것에 따라서 움직이는 액체의 용량은, B의 실린더가 가늘기 때문에, B의 피스톤은 b만큼 움직이지 않으면 이동할 수 없다. 따라서 A와 B의 실린더의 지름의 차를 크게 하면, A피스톤의 약간의 조작으로 B피스톤이 움직이는 스트로크를 길게 할 수 있다.

이 기구는 유압 장치에 많이 이용되고 있다.

⊙ 일량의 확대 (증폭)

- 지렛대의 발견

일량을 크게 하는 기구 가운데 가장 먼저 발견된 것은 지렛대이다.

물체를 운반하는 것은 인간의 생활에 필요한 일이었으나, 아무것도 몰랐던 옛날에는 자기 자신의 손이나 발로 하는 수밖에 없었다.

그런데 손으로 움직이건, 등에 짊어질 수 없는 무거운 것의 경우에는 어떻게 해야 할까. 그래서 무거운 것의 한쪽에 비스듬히 막대를 집어넣고 다른 한쪽을 누르면, 무거운 것이 비교적 가볍게 움직일 수 있었다. 이것이 지렛대를 사용하게 된 시작이다.

그 후 그리스의 아리스토텔레스나 아르키메데스가 불가사의한 힘을 연구해서, 한 개의 막대의 지점의 위치나 크기의 관계를 「부등(不等)한 무게는 지점으로부터의 거리에 반비례해서 평형한다」고 하는 이론을 명백히 하였다.

예를 들면, 그림 45와 같이 O점을 지점으로 해서, 막대의 끝에 올려놓은 W라고 하는 하물을, 다른 한쪽 P에서 들어 올리려고 할 때, O,W, O,P 사이의 거리를 각각 a, b라고 하면

$$W \times a = P \times b$$

가 된다. 이 식에서 b가 a에 비하여 길어질수록, 들어 올리려고 하는 힘 P는 적어도 된다는 것을 알 수 있다.

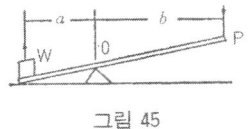

그림 45

그러나 무거운 경우에는 막대를 자꾸 길게 하면 된다. 그렇다고는 해도 한도가 있다.

• 토글 조인트

이것은 배력장치(倍力裝置)라고 하는 것인데, 그림 46과 같이 한쪽의 로드는 한쪽 끝을 A점에서 고정하고, 다른 쪽은 또 1개의 로드와 회전 자재로 결합해서 로드의 끝에 접동 자재인 피스톤을 장치한다.

다시, 2개의 로드를 결합한 곳에 크랭크에 접속할 로드를 함께 결합한다.

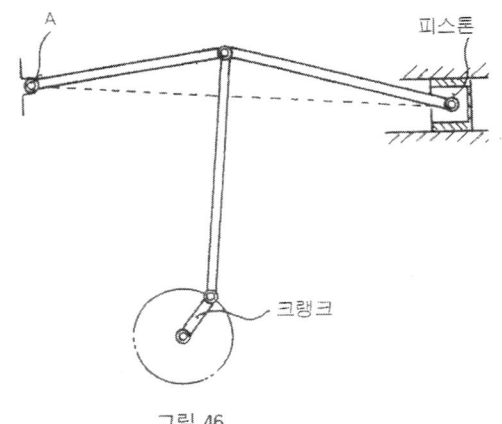

그림 46

이와 같이 해서, 크랭크를 회전시키면 피스톤은 오른쪽으로 접동함과 동시에 2개의 로드는 점선처럼 일직원상에 위치한다. 그 때 피스톤에 최대의 힘이 작용한다.

그림 47은 토글 조인트를 이용한 구멍뚫기 기계인데, 구멍뚫기 부분이 중간의 받침대에 접동 자재로 설치되어 있으며, L형 핸들의 구부러진 부분에 짧은 암으로 결합되어 있다.

L형 암의 구부러진 부분은, 구멍뚫기 부분의 바로 위에서 대(臺)에 설치되어 있다.

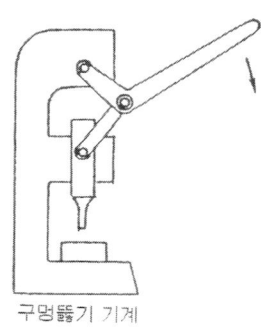

구멍뚫기 기계

그림 47

이와 같이 핸들을 화살표 방향으로 내리 누르면, 구멍뚫기 부분은 밑으로 눌려짐과 동시에 구부러진 부분과 짧은 암은 일직선이 되어, 구멍뚫기 부분에 큰 힘이 얻어진다.

- 도르래의 발명

그런데 긴 막대 대신 도르래를 사용하면 지렛대와 마찬가지로 작은 힘으로 무거운 하물을 들어 올릴 수 있다고 하는 것을 옛사람들은 발명해 주었던 것이다.

그림 48 (a)는 1개의 도르래를 중심에서 매어 달고, 도르래에 로프를 건 후, 한쪽 끝에 하물 W를 묶고, 다른 한쪽 끝을 P라고 하는 힘으로 잡아 당기는 것이다. 이것은 아직 일의 확대에는 미치지 못하고, 다만 들어올리기가 쉬우며, 당기는 힘과 하물이 올라가는 방향이 반대로 될 뿐이다.

이것을 그림 48 (b)와 같이 로프의 한쪽 끝을 고정하고, 도르래가 상하로 움직일 수 있게 해서, 하물을 도르래의 중심에 매어 달면, 하물 W는 로프의 고정된 끝과, 또 한쪽의 끝 P의 2점에서 떠받치고 있게 되므로, 들어올리는 힘 P는 하물의 2분의 1의 힘으로 되는 셈이다.

이들 도르래를 단일 도르래라고 하며, 그림 48 (a)의 움직이지 않는 도르래를 고정 도르래, 그림 48 (b)와 같이 움직이는 것을 움직 도르래

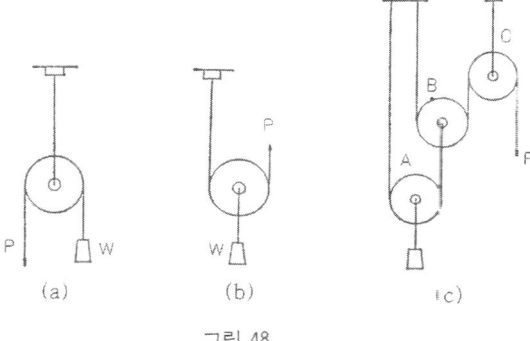

그림 48

라고 한다.

이와 같이, 그림 48 (b)처럼 1개의 도르래로 무거운 하물을 하물 절반의 힘으로 들어올릴 수 있는 것을 알면, 곧 도르래를 2개, 3개로 늘려가면 그만큼 가벼워지지 않을까, 하는 의문이 생기게 된다. 바로 그대로이다. 가볍게 할 수 있다.

- 복합 도르래의 구조

그것이 그림 48 (c)에 나타낸 몇개의 도르래를 조합한 복합 도르래이다. 그림을 보면 알 수 있듯이, 최초의 로프의 한쪽 끝을 고정하고, 또 한쪽의 끝은 다음 B도르래의 중심에 묶어서 A도르래를 만들고, B도르래의 로프는 똑같이 한쪽 끝을 고정하고, 또 다른 한쪽 끝은 중심에서 매어단 C도르래에 걸쳐 놓고, 하물 W는 A도르래의 중심에 매어단다.

이와 같이 해서 C도르래에 걸쳐 놓은 로프의 끝 P를 잡아당기면, 움직 도르래를 2개 사용하고 있으므로, P라고 하는 힘으로, 2배의 2배, 다시 말해서 4배의 무게의 하물을 들어올릴 수 있게 된다.

따라서 움직 도르래의 수를 3, 4,······N개로 늘려 가면, 같은 힘 P로 2를 N제곱배한 무게의 하물을 들어올릴 수 있는 것이다.

이와 같은 도르래 외에, 지름이 다른 도르래를 축방향으로 늘어놓은 단(段) 도르래와 움직 도르래를 조합한 차동(差動) 도르래 등, 특수한 도르래도 고안되어서 중량물을 들어올리는데 사용되고 있다.

지하철 공사나 고층 빌딩의 건설 현장에서 활약하고 있는 거대한 윈치는, 이 도르래와 로프의 조합이다.

- 윈들러스

또 그림 49는 스페인형 윈들러스라고 하는 것으로, 스페인의 선원들이 무거운 하물을 올리고 내리는 데에 생각해 낸 것이라고 한다.

대(臺) 위에 둥근 막대를 놓고, 막대에 밧줄을 2중으로 해서 2~3회 감고, 밧줄의 고리 부분에 지렛대의 끝을 꽂아 넣고, 지렛대로 감거나

속도와 일의 크기를 바꾸는 장치   83

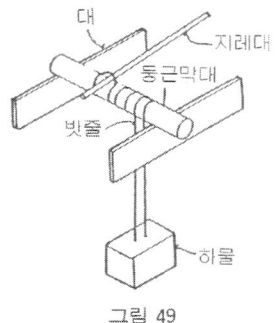

그림 49

풀거나 해서 매어단 하물을 올리고 내린다.

윈치를 생각해 내지 못했던 예전에 필요성으로 인해 생겨난 지혜라고 하겠다.

⦿ 확대 기구의 연구

• 미터 학습기

이것은 어떤 교과의 정리를 학습하는 카드 학습기인데, 미터의 지침부를 효율적으로 이용한 S씨의 고안이다.

그림 50은 전체의 사시도(斜視圖)로, 각 교과의 설문 1개와, 그것에 대한 정답 1개, 오답이 3개 적혀 있는 카드를 세트해서, 그 가운데 몇번이 옳은 답인가를 판단하고 누름단추를 누른다.

그러면 하면에 숨어 있는 지침이 창부분에 나타나서 정답의 번호를 지시해서, 자기가 답한 번호와 일치하는지의 여부를 확인한다.

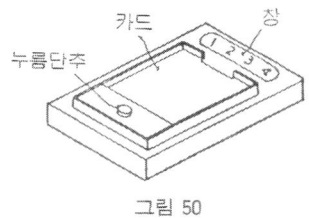

그림 50

1이다, 4이다 라고 소리를 높이면서 누름단추를 누르는 모습을 상상할 수 있다. 이렇게 어린이들이 즐거워하는 액션은 불가사의를 느끼게 하는 「의외성」에 있다.

예를 들면, 돌렸더니 옆으로 튀어나왔다든가, 잡아당겼더니 튀어 올랐다는 등, 조작하는 방향과 작용하는 방향이 전혀 다르게 나타나는 것이다.

- 학습기의 구조

이 학습기의 구조는 그림 51 (a)의 커버를 벗긴 내부의 사시도처럼, 누름단추가 탄력성이 있는 암에 지지되고, 누름단추 하방에는 누름 클릭이 앞쪽으로 튀어나와 있다. 누름 클릭은 측면이 끝이 가늘게 경사되

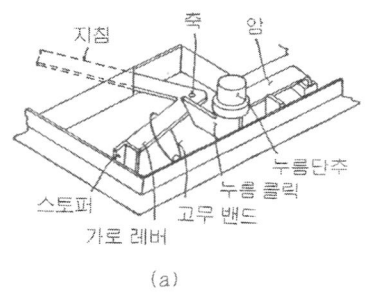

(a)

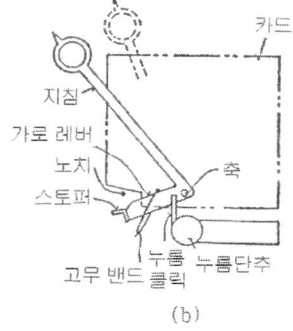

(b)

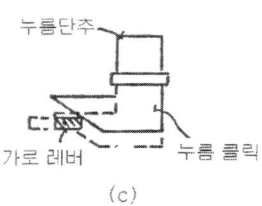

(c)

그림 51

어 있으며, 그 밑의 가장자리가 지침과 역L자 모양을 하고 있는 가로 레버에 접하고 있다.

그리고 가로 레버의 선단에는 스토퍼가 설치되어 있고, 가로 레버는 고무 밴드로 언제나 앞으로 당겨지고 있다.

또 카드의 한쪽 구석에, 창에 나타나는 정답의 번호에 따라서 깊이가 다른 노치가 설치되어 있다. 1이 얕고, 4가 가장 깊다.

이와 같이, 카드를 대 위에 세트하고 누름단추를 누르면, 그림 51 (b)·(c)에 나타낸 것처럼 누름 클릭이 내려감으로써 가로 레버를 앞쪽으로 밀어내고, 스토퍼가 카드의 노치에 들어가서, 노치의 가장자리에 부딪쳐서 멈추게 된다.

따라서, 카드의 노치의 깊이에 의해서 지침이 1에서 4까지의 어느것으로 움직여서 항상 정답을 가리키게 된다. 누름단추를 놓으면, 고무 밴드의 힘으로 지침은 커버 밑으로 되돌아간다.

앞에서 말한 계기의 지시 장치와 같으며, 축의 중심에서 누름 클릭까지의 길이와 축의 중심에서 지침의 둥근 고리까지의 길이의 차가, 가로 레버를 약간 돌려서 지침을 크게 돌리는 작용을 하고 있다.

이 학습기의 흥미는 길이의 확대 외에, 밀어 내리는 힘으로 회전운동을 시키는 메커니즘과 카드에 노치를 설치해서 다른 위치에서 스토퍼를 멈추고, 4가지의 답을 선택할 수 있게 한 것에 고안의 포인트가 있다.

● 간헐 운동 장치

◉ 래칫

• 한쪽으로만 도는 장치

이 장치는 클릭과 보통 래칫휠이라고 불리는 한쪽으로 회전하는 래칫을 조합한 것이다.

클릭의 작용에 의해서 연속적 혹은 단속적으로 운동을 전한다. 또, 역전하면 곤란한 기구에 사용된다.

이 조합은 대단히 많이 있지만 가장 간단한 기구는 그림 52 (a)와 같이 래칫에 로드의 한쪽을 회전 자유로 장치하고, 다른 쪽에 래칫과 맞물리는 클릭을 설치한 것이다.

래칫의 이는 지금까지의 기어의 이처럼 좌우의 모양이 대칭이 아니고 한쪽만 경사져 있다.

이렇게 해서 로드를 점선 위치까지 돌리면, 래칫의 이를 1개만 이송한다. 로드를 원래의 위치로 되돌리면 클릭은 이의 경사를 미끄러져, 래칫은 역회전하지 않는다.

로드가 움직이는 각도를 늘리면, 한 동작으로 이를 2개, 또는 3개라도 규칙적으로 이송할 수 있다.

그림 52 (b)는 클릭을 바퀴로 한 회전 클릭과 래칫을 회전 자유로 조합한 것인데, 회전 클릭의 1회전으로 래칫의 이 하나를 이송한다.

위쪽에 있는 폴은 래칫의 역전 방지를 위한 스토퍼이다.

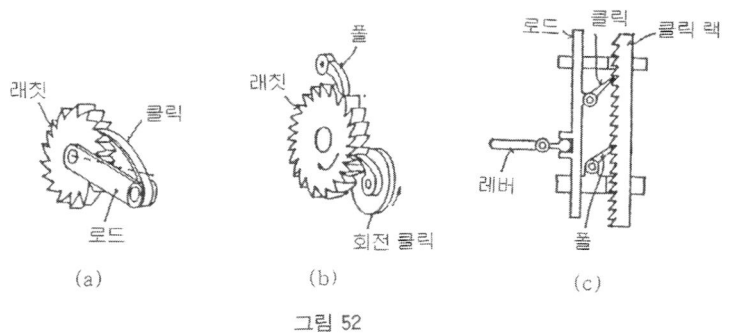

그림 52

- 클릭과 랙의 조합

또 그림 52 (c)는 래칫을 직선으로 한 클릭 랙과 클릭의 조합이다.

레버가 오르내리는 것에 따라서 왕복운동을 시키는 로드의 위쪽에 클릭에 비스듬하게 장치하고, 로드와 평행으로 클릭 랙을 접동 자재로 설치하였다.

이렇게 레버를 그림의 상태에서 밑으로 당기면, 로드가 위쪽으로 올라가서, 클릭 랙과 맞물리고 있는 클릭이 클릭 랙을 이 1개분 이송하게 된다.

아래쪽의 것은 역행 방지용 폴이다.

⊙ 핸드 카운터

• 숫자 끌어올리기에 대한 연구

사진 14는 사회과 단원에서, 교통량이나 사람의 출입 등을 카운트해서, 통계 그래프를 만들게 하는 교재이다. 0부터 3,000까지 기록할 수 있다.

사진 14

보통 카운터는 0에서 9까지의 수를 1개의 원판이나 링에 표시하고, 자릿수에 따라서 원판 등을 병렬시켜, 1의 자리가 10이 되면 옆 표시판에 숫자가 하나씩 증가해 가는 기구이다.

이것과 같은 기구를 합성 수지로 만들면, 기어간의 유극(遊隙)이 크고, 또 1,000자리에서는 4개가 늘어서게 되므로, 끌어 올리는 조작이 겹쳐져서 잘 끌어 올려지지 는다.

그것을 한곳에서 100단위를 끌어 올릴 수 있게 한 것이 이 핸드 카운터의 연구이다. 조작성도 디자인도 어린이에게 적합했는지 평판이 좋아 5년 연속해서 부록에 채용되었다.

- 카운터의 구조

내부는 그림 53 (b)와 같이, 아래뚜껑에 링 모양의 래칫이 회전 자유로 끼워지고, 래칫의 하면 안쪽에 돌기가 1개 설치되어 있다.

아래 뚜껑의 내면에는 돌기와 서로 걸리는 중간 기어와, 그림 53 (c)에 나타낸 뒷쪽에 중간 기어와 맞물리는 작은 기어가 일체로 되어 표면에는 100단위의 수를 기입한 표시판이 설치되어 있다.

또 아래 뚜껑의 표시판에는 100에서 2900까지의 숫자가, 또 래칫의

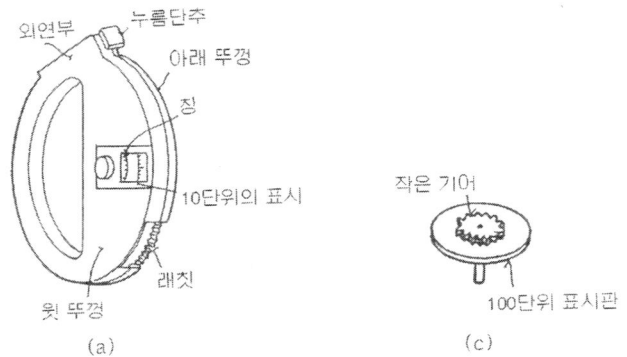

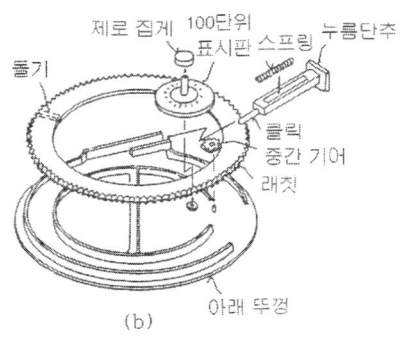

그림 53

윗면에는 0에서 99까지의 숫자가 각각 기재되어 있고, 사진 14·그림 53 (a)와 같이 윗뚜껑을 닫은 상태인데, 양쪽의 숫자가 계기판에서 읽을 수 있게 되어 있다.

이와 같이 1과 100단위의 숫자를 0에 맞추고 누름단추를 한번 누르면, 클릭이 래칫의 이를 밀어서 래칫을 이 1개분만큼 돌려, 숫자가 0에서 1로 된다. 다시 누름단추를 계속 눌러서 래칫이 1회전하면, 래칫 뒷면에 설치되어 있는 돌기가 중간 기어와 부딪쳐서, 이것과 맞물려 있는 100단위 표시판 뒷면의 작은 기어를 이 1개분 회전시켜서 100단위를 끌어 올린다.

이 래칫의 회전이 반복되어 30회의 회전으로 3000까지의 카운트를 할 수 있는 것이다.

사용 후, 또는 도중에서 각 숫자를 0으로 되돌리려면, 100단위 표시판은 축에 끼워넣은 제로 집게를 회전시키면 0이 되고, 래칫 위에 있는 0에서 99까지의 숫자는 뚜껑의 바깥 가장자리 일부에 있는 노치에서 래칫이 얼굴을 내밀고 있기 때문에 이 부분에서 래칫을 돌려서 0으로 한다.

⊙ 에스케이프먼트

• 제어 장치

클릭과 래칫에서는 클릭의 이동으로 래칫의 이송을 했지만, 에스케이프먼트는 래칫이 도는 동력과 조합해서 내버려 두면 마음대로 돌아버리는 운동을, 규칙적으로 멈추게 하거나, 풀어 주거나 하는 것을 반복하는 장치이다.

그림 54 (a)는 태엽식 시계에 사용되고 있기 때문에 알고 있는 사람도 많을 것으로 생각되는데, 앵커 에스케이프먼트라고 하며 영국의 훅스라고 하는 사람이 발명한 기구이다.

에스케이프 바퀴가 다른 동력으로 오른쪽으로 돌 수 있게 부착되어

90 제2부 움직이는 메커니즘

있고, 앵커는 흔들이나 태엽과 조합해서 좌우로 요동하며, 팰릿이라고 하는 구부러진 부분의 어느쪽이 언제나 이와 부딪치도록 부착되어 있다.

앵커의 요동에 의해서 팰릿의 좌우 어느쪽이 에스케이프 바퀴의 이 1개를 누르거나 풀어주거나 해서 규칙적으로 에스케이프 바퀴를 돌린다.

그림 54(c)는 원둘레 위에 핀을 꽂은 핀 바퀴와, 앵커를 회전 자재로 설치하고, 앵커의 요동에 따라서 좌우의 팰릿이 번갈아 핀을 꽉 껴안아 움쭉 못하게 하고, 핀 바퀴에 일정한 회전을 계속시킨다.

프랑스의 아만이라는 사람의 발명으로, 본디 상태로 되돌아갈 수 없는 기구이다.

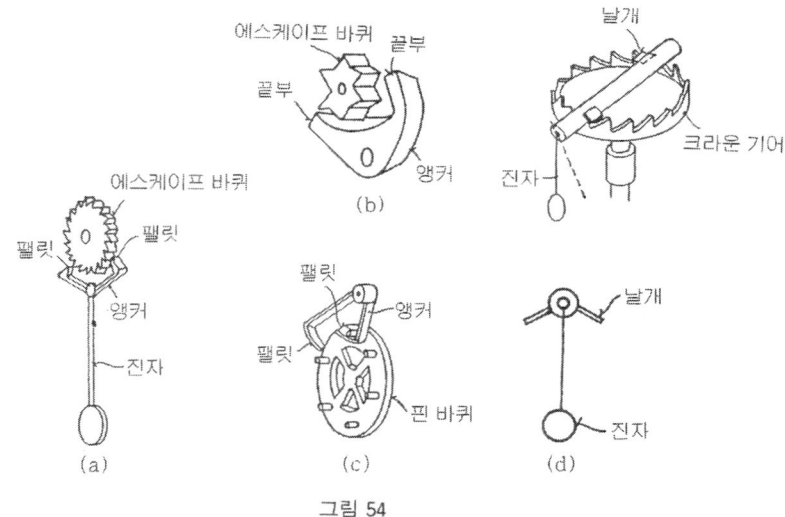

그림 54

● 크라운 휠 에스케이프

그림 54(d)는 홀수의 이를 가지며, 다른 동력으로 돌려지는 크라운 휠과, 그 회전축과 직각으로 2장의 날개와 흔들이를 설치한 축을 걸쳐서 끼운 것으로, 크라운 휠 에스케이프라고 한다.

크라운 휠이 좌회전하려고 할 때, 그림의 상태에서는 바로 앞 오른쪽의 날개가, 이와 부딪쳐서 회전을 멈추고, 흔들이가 점선 위치로 되었을 때 상대방의 왼쪽 날개가 이를 멈춘다. 그 2개의 날개가 멈추는 사이에 크라운 휠이 이 1개분 도는 것이다.

에스케이프먼트에도 이 밖에 많은 변형이 있으나, 2쟝의 팰럿이 번갈아 간섭해서 회전을 계속하고 있는 원동바퀴에 규칙적으로 운동시키는 기구로 이들을 간헐 운동 기구라고 한다.

◉ 제네바 스톱

• 제네바 스톱의 여러가지

이 기구는 연속적으로 회전하고 있는 원동 바퀴가 종동바퀴에 간헐적인 운동을 전하는 것으로, 기어 중에도 원둘레 위의 일부에 이가 없어진 원동바퀴가 종동바퀴에 간헐 운동을 전하는 것이 있었다.

그림 55 (a)에 나타낸 것은 핀 기어의 일종으로, 원호 모양의 돌기와, 그 아래쪽에 핀을 구비한 원판 바퀴와 원호의 주변에서 형성되어, 네 귀퉁이에 홈이 마주 보게 설치된 제네바 기어가 회전 자유로 장치되어 있다.

원판 바퀴의 일부에 있는 돌기와 제네바 기어의 원호부는 접하도록 설치되어 있으며, 1개의 핀이 원판 바퀴가 회전했을 따 홈에 끼워지는 위치에 설치되어 있다.

이와 같이 원판 바퀴가 회전하면, 핀이 제네바 기어의 홈에 끼워져서,

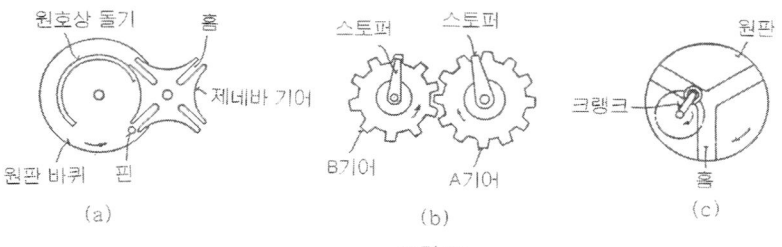

그림 55

제네바 기어를 4분의 1만큼 돌리고, 핀은 홈에서 떨어진다.

이 기구에서 핀의 수나 홈의 수를 바꾸면, 원판 바퀴의 1회전에 대한 제네바 기어의 회전수를 바꿀 수 있다.

결치 기어로 간헐 운동을 시키면, 한번 쉬고 다음 운동을 시작할 때, 원동바퀴와 종동바퀴의 이가 서로 세게 부딪히는 결점이 있지만, 제네바 스톱은 그 결점이 없다.

그림 55 (b)는 어떤 비율의 잇수(齒數)로 한 2개의 A·B 기어를 맞물려서, 양 기어의 면에 스토퍼를 설치하고 어느 회전수만큼 돌면 멈추게 하는 기구이다.

그림 55 (b)에서는 A기어의 잇수가 12개, B기어가 10개이며 A기어에는 이와 이 사이에, B기어에는 이의 하나와 겹쳐서 각각 스토퍼가 설치되어 있다. 지금 A기어를 화살표 방향으로 계속 돌리면, 잇수에 차가 있기 때문에 맞물리는 이가 회전할 때마다 달라져서, 결국에는 양쪽의 스토퍼가 충돌하는 위치가 되어, 회전할 수 없게 되어 멈추게 된다는 것이다.

어느쪽의 기어에 희망하는 회전수를 주어서 멈추게 하는 장치이다. 잇수가 10과 12이면 A기어의 회전은 6회에서 멈춘다.

- 역전 제네바

또, 보통의 제네바 스톱 기구는 원동바퀴와 종동바퀴의 회전 방향이 반대로 되지만, 그림 55 (c)에 나타낸 것은 원판에 중심으로부터 방사상의 홈이 3개 설치되고, 홈에 크랭크의 작은 바퀴가 끼워져 있다. 크랭크의 3회전에서 3회의 휴식을 하면서 원판을 1회전시킨다.

이 경우는, 원동바퀴와 종동바퀴의 회전 방향이 같게 되는데, 이것을 역전 제네바 스톱이라고 한다.

- 원판 제네바 스톱

지금까지의 간헐 운동은 원동바퀴와 종동바퀴의 축이 각각 평행하였다.

그림 56에 나타낸 것은 축이 직교하고 있는 제네바 스톱 기구이다.

원판 A는 구부러진 부분 C가 원판 A의 면에서 구부러져서 아래쪽으로 내밀고 있다.

원판 A는 기어 B와 맞물려 있어, 원판 A가 회전을 해도 기어 B는 돌지 않는다. 회전이 진행해서 내밀고 있는 C가 다음의 이와 이 속으로 파고 들어가면, 기어 B를 이 1개만 회전시키고, C가 통과하면 또다시 평평한 부분이 이 사이로 오기 때문에 기어 B는 움직이지 않는다.

따라서, 원판 A가 회전을 계속하면, 기어 B는 간헐 운동을 한다.

쑥 내밀고 있는 C를 원판 A에 두 군데에 마주보게 해서 설치하면, 원판 A의 1회전으로 기어 B는 이 2개분 도는 것은 누구나 다 알고 있는 일이다.

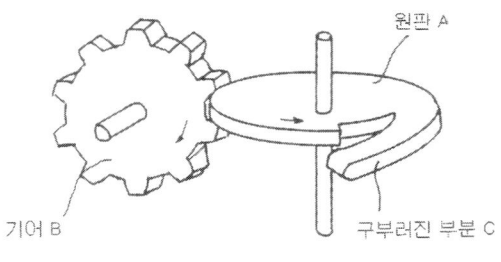

그림 56

◉ 탄력 동력의 제어 기구

• 플라잉 진자(振子)

태엽이나 고무 등 탄력성을 동력으로 할 경우에는, 원동바퀴를 자유로 해두면 단시간에 축적된 전부의 에너지를 방출해 버리므로, 종동바퀴에 희망하는 운동을 시키고자 할 때에는, 에스케이프먼트나 제네바 스톱과 같은 제어 기구가 있으면 좋을 것이다.

그림 57은 풀베기 기구라고 하는 제어장치인데, 기계 시계의 조속장

치(調速裝置)로서 1883년 아들러 크리스천 크로센에 의해서 고안된 것으로 「플라잉 진자」라고 부른다. 유머러스한 간헐 운동으로, 옛날부터 기계 시계에 사용되었으나, 정밀도에 어려움이 있어 실용에는 좀 이르지 못했다.

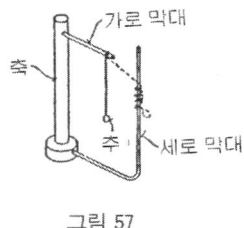

그림 57

그 구조는, 태엽 등의 동력으로 돌려지는 축의 한쪽에 가로막대가 내밀어 있고 가로막대의 선단에는 끈으로 추가 매달려 있으며, 가로막대의 바깥쪽에 세로 막대가 세워져 있다.

이렇게 해서 축이 회전하면, 추는 원심력으로 바깥쪽으로 내던져져서 360도 돈 곳에 추의 끈이 점선처럼 세로막대에 감겨서 축의 회전이 멈춰진다.

이어서 추의 중력으로 끈이 자연히 풀어져서 축의 회전이 자유로 되어, 다시 360도의 회전을 할 수 있다.

이와 같이 추의 끈이 세로막대에 감기거나 풀어지거나 해서 축이 자유로 회전을 계속하는 것을 제어하는 것이다.

• 플라잉 시계

사진 15는 옛날부터 있었던 플라잉 시계를 인테리어풍으로 어레인지한 모형이다.

태엽을 감아 넣는 것으로, 실제로 실로 매단 추가 옆에 설치한 막대에 휘감기는 작동을 볼 수 있으며, 분의 표시를 알 수 있다.

사진 15

- 태엽의 제어

그림 58에 나타낸 기구는 간헐운동은 아니나 제어 기구로서 널리 사용되고 있으므로 다음에 설명해 둔다.

그림 58 (a)는 오르골의 구조로, 태엽으로 돌려지는 원동바퀴의 회전을 증속(增速)해서, 옆쪽에 설치한 작은 날개를 회전시키는 것으로, 날개의 고속 회전에 의한 공기저항을 이용한 제어이다. 이것은 태엽의 감기 시작과 끝에서, 원동바퀴의 회전이 느려져서 오르골의 멜로디가 변화게 된다.

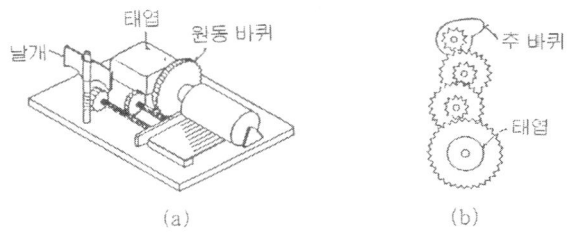

그림 58

또 그림 58 (b)는 태엽 완구에 많이 사용되고 있는 기구로, 태엽 붙이 원동바퀴에서 오르골과 똑같이 기어열로 증속해서, 납 등으로 타원형으로 만든 추 바퀴를 회전시키는 것이다.

이것은 추 바퀴의 관성을 이용해서 일정한 회전을 시키고 있다. 그 밖에 옛날의 수제 완구로 실패를 이용한 탱크를 만들 때, 실패와 받침 막대 사이에 양초를 둥글게 썰어서 끼웠던 기억이 있다. 이것도 적당한 저항을 실패의 면에 주어서, 고무의 비틀림 힘이 한번에 해방되지 않는 제어의 하나이다.

이와 같이 탄력을 동력으로 하는 기구에는, 어쨌든 제어 기구를 가하지 않으면 희망하는 운동을 하지 않기 때문에, 색다른 제어 기구를 연구해 내면, 이용 범위가 넓은 고안이 된다.

⊙ 움직이는 시계의 연구

- 고무 동력 시계

지금은 액정의 디지털 표시 시계를 10,000원 이하로 살 수 있지만, 시간 관념이나 학습을 하려면, 역시 아날로그가 아니면 곤란하다.

사진 16은 학습 잡지의 부록에 움직이는 시계를 붙이고 싶다는 요망

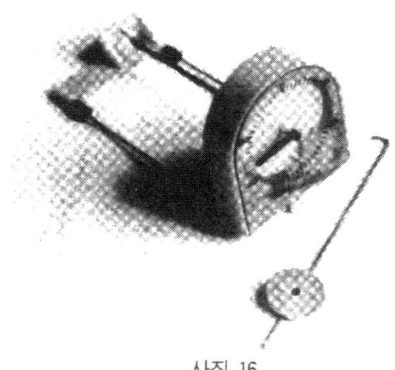

사진 16

간헐 운동 장치 97

에서, N씨가 고안한 고무 동력 시계(5분계)이다.

구조는 그림 59 (a)・(b)에 나타낸 것처럼 바깥틀 안의 중앙에 큰 풀리와 지침이 같은 축에 회전 자유로 장치되어 있고, 오른쪽 아래에 작은 풀리와 일체로 된 에스케이프 바퀴가 끝을 갈고리 모양으로 한 축에서 회전 자유로 설치되었으며, 작은 풀리와 큰 풀리에는 고무 벨트가 걸려 있다.

또 에스케이프 바퀴의 옆에는 흔들이를 장치한 앵커가 에스케이프 바퀴를 제어하도록 장치되어 있다.

바깥틀의 뒷면에서는 긴 지렛대를 밖으로 내달았는데, 여기에는 고무

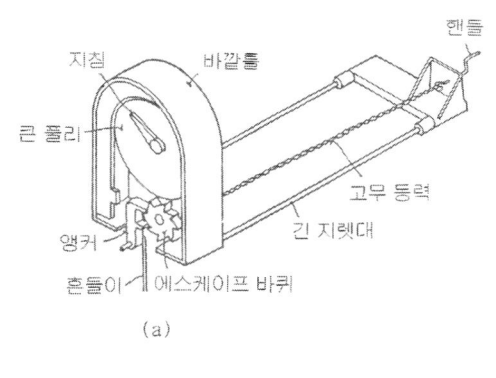

(a)

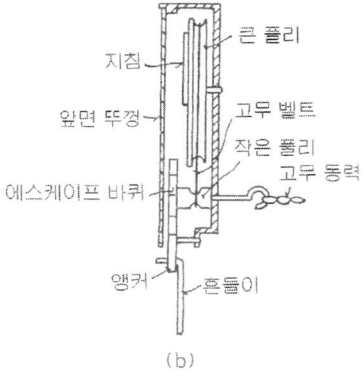

(b)

그림 59

동력을 감아 넣은 핸들이 끼워져 있으며, 핸들과 에스케이프 바퀴의 축심 사이에 수 개의 고무 동력을 건 것이다.

초단위의 눈금은 투명한 앞면 뚜껑에 표시되어 있다.

이렇게 감는 핸들로 고무 동력을 감아 넣고 흔들이를 움직이면, 흔들이와 일체로 되어 있는 앵커가 고무 동력으로 도는 에스케이프 바퀴를 제어해서, 일정한 속도의 회전을 벨트로 큰 풀리에 전달해서 같은 축 위에 끼운 지침을 돌린다.

고무 동력 충분히 감아 넣으면 대체로 5~6분간은 움직이며, 고무 동력이 되돌아가는 시작과 끝에서는 약간의 오차는 나오지만, 5분간을 통하면 진짜 시계와 비교해서 거의 틀리지 않는 정확함이다.

분초나 시각의 표시를 배우는 교육 완구는 많이 볼 수 있지만, 분초를 양으로 해서 파악하는 완구는 적다. 재미있는 기구로 움직이는 시계의 고안에 도전해 보면 어떨까. 팔리는 상품이 될지도 모를 일이다.

또 십진법만을 배워 온 어린이가, 십이진법의 시간 계산에 부딪치면 당황하게 되므로 시간과 분의 이해 교재도 생각할 가치가 있는 테마이다.

⊙ 풀베는 낫의 학습기

• 플라잉 진자의 이용

이것은 간헐 운동의 플라인 진자 기구를 이용한 학습기이며, 사진 17이 그 외관도이다.

그림 60 (a)가 그 구조를 나타낸 것인데, 대(臺)의 좌우에 L자형 고정봉이 설치되고, 창을 열고 원둘레가 우산 모양의 기어로 되어 있는 큰 기어가 탈착 자유로 부착되고, 이것과 맞물리는 우산 모양의 작은 기어가 윗벽에 부착되어 있다.

우산 모양의 작은 기어의 중심으로부터 한쪽 옆에 회전봉이 고정되고, 그 선단에 분동(추)이 끈으로 매달려 있다. 또한 그림 60 (b)와 같

간헐 운동 장치 99

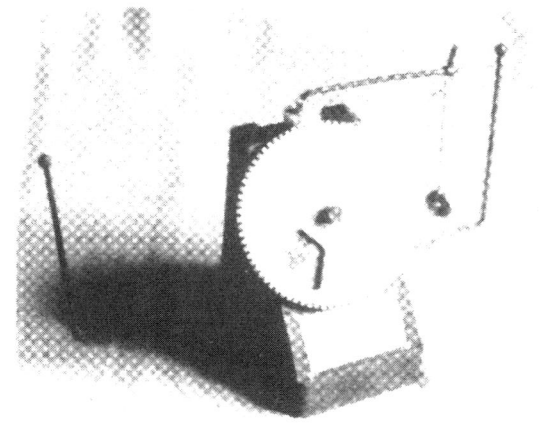

사진 17

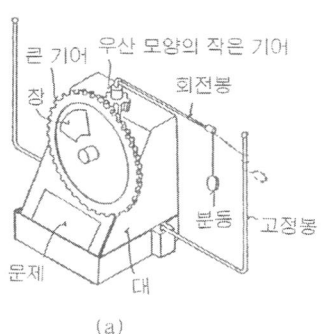
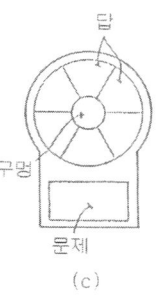

그림 60

이 우산 모양의 작은 기어의 축은 아래로 향한 갈고리로 되어 있으며, 대 아래쪽에 설치된 고정구와의 사이에 고무 동력이 걸쳐 있다.

그림 60 (c)는 이 학습기에 사용하는 카드로, 중앙에 꽂아넣기용 구멍이 뚫려 있고, 아래쪽 부분에 각 교과의 문제가, 위쪽의 원형부에 정오 6가지의 답이 기재되어 있다.

사용할 때에는, 우산 모양의 큰 기어를 축에서 떼어내고, 카드를 축에 끼운 후, 큰 기어를 원래대로 끼운다. 그리고 회전봉을 좌우 어느쪽으로 돌려서 고무 동력을 감아 올린다.

그러면, 문제는 큰 기어의 아래쪽으로부터 튀어 나오기 때문에 수시로 볼 수 있는데, 답은 큰 기어의 창에서 보이는 한 군데뿐이다.

고무 동력을 충분히 감고 손을 놓으면, 우산 모양의 작은 기어와 회전봉이 함께 돌지만, 분동이 원심력으로 바깥쪽에 내팽개쳐서, 점선으로 나타낸 것처럼 한쪽의 고정봉에 감기고, 이어서 분동의 중력으로 끈이 풀려서 분동은 다시 돌아서 반대쪽 고정봉에 감긴다.

이와 같이 반 회전 돌고는 멈추는 움직임에 의해서, 우산 모양의 큰 기어를 회전시켜, 답이 보이는 창의 위치를 바꿔서 차례차례 나오는 답이 맞는지 틀리는지를 판단해 가는 것이다.

짧은 시간 내에 답을 읽고 정오(正誤)를 판단하는 것은 상당히 어려운 일이지만, 풀베는 낫의 움직임이 재미 있으므로, 더할 나위 없이 즐기면서 학습을 할 수 있다.

그러나, 이 학습기는 1장의 카드를 학습할 때마다, 큰 기어를 떼어 내고 카드를 교환해야 하는 번거로움이 있다. 따라서, 이 기구를 이용해서 더욱 편리한 학습기를 생각해 낼 수 없을까.

● 계산을 할 수 있는 장치와 자석 장치

⊙ 계산 기구

- 가감산을 할 수 있는 장치

가감승제를 계산하는 기계적인 계산기는 래칫이나 기어의 조합이지만, 이것은 한쪽을 조작하는 것으로 다른 쪽이 일정한 비율로 움직이는 기구이다.

그림 61 (a)는 가감산을 할 수 있는 기구인데, 대 위에 같은 간격으로 3개의 홈을 만들고, 각각의 홈에 3개의 로드를 접동 자재로 끼워 넣는다.

그리고 중앙의 로드 한쪽에 연결 로드를 회전 자재로 축에서 고정하고, 연결 로드의 양 끝에는 좁고 긴 구멍을 마련해서 양쪽 로드의 한쪽에 설치한 축에 끼워 넣는다.

이와 같은 구성으로 해서, 상하 로드의 한쪽을 어떤 길이 오른쪽으로 움직이면, 중앙의 로드는 움직인 길이의 2분의 1만큼 오른쪽으로 움직이는 것이다.

따라서 연결 로드를 수직으로 한 상태에서 대 위의 오른쪽 끝에 기준점 O를 설치하고, 상하의 로드에는 적당한 등간격으로 순서 숫자를 표시하고, 중앙의 로드에는 그 2분의 1의 간격으로 순서 숫자를 표시해 두

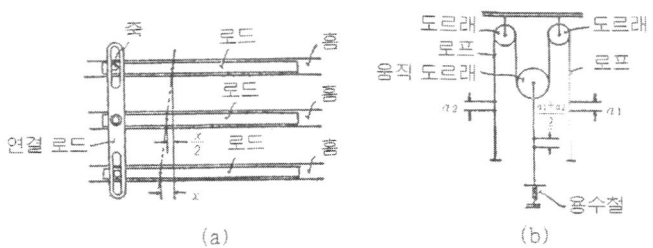

그림 61

면, 상하의 로드를 좌우로 움직임으로써, 중앙의 로드에 가감산의 답이 나타나게 된다.

- 도르래가 움직이는 양

또 그림 61 (b)도, 마찬가지로 가감 계산을 할 수 있는 기구인데, 2개의 고정한 도르래 사이에 로프를 걸어 놓고, 그 사이에 움직 도르래를 매달고 로프의 양끝과 움직 도르래의 중앙을 용수철로 평형시켜 둔다.

이와 같이 힘을 가하지 않은 상태에서 자리를 잡은 로프의 끝 및 움직 도르래의 3점을 O점으로 해서, 로프의 어느 한쪽을 a만큼 당기면 움직 도르래는 2분의 a만큼 올라간다.

그림과 같이 로프의 양끝을 a_1, a_2만큼 아래쪽으로 당기면, 움직 도르래는

$$a_1/2 + a_2/2 = y$$

만큼 올라가므로, 앞과 마찬가지로 로프의 양끝에 등간격의 눈금을, 움직 도르래 부분에 그 2분의 1의 간격의 눈금을 표시해 두면, 로프 양끝의 오름과 내림에 따라서 움직 도르래의 눈금에 답이 나오게 된다.

이들의 기구는 장난감이나 교재에는 별로 쓰이지 않으므로, 저연령의 계산 연습기에 이용하면, 간단하고 재미 있는 것이 생각될 것이다.

- ⊙ 케로용 가감산 연습기

사진 18은 이 계산을 할 수 있는 기구를 사용해서 I씨가 생각한 1학년 아동용 가감산 연습기이다.

구조는 그림 61 (a)에 나타낸 것과 똑같으며, 양쪽에 0에서 9까지의 숫자와, 중앙에 그 숫자 간격의 1/2로 가산한 답의 구멍이 마련되어 있다.

따라서, 두 수를 가산한 답의 구멍 밑에 연결 로드가 위치하지만, 이것만으로는 답을 읽을 수도, 정오 어느쪽인지도 알 수 없으므로, 연결 로드의 아래쪽에 연결 로드와 교차되도록 가로대(bar)를 설치해서, 바

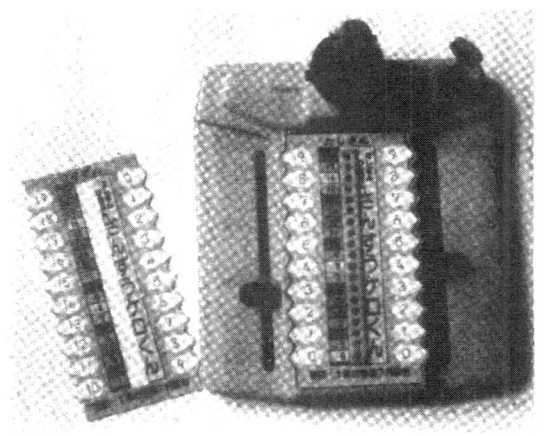

사진 18

의 선단에 있는 갈고리로 용수철 장치의 대를 억제하도록 하였다. 다시 대 위에는 개구리 모양의 성형품을 올려 놓았다.

이렇게 해서 두 수의 합의 답 구멍에 체크 막대를 꽂아 넣고 누르면, 정답이면 연결 로드를 눌러서 로드가 휘어져서 밑에 있는 가로대를 누른다.

그러면 대(臺)로부터 갈고리가 이탈해서, 대는 용수철로 솟아 오르고, 대 위의 개구리가 튀어 나간다.

가로대는 고무 밴드로 잡아 당겨서 대와 갈고리가 언제든지 서로 걸리게 했으며, 개구리를 대에 올려 놓고 밀어 넣으면, 자동적으로 갈고리가 걸린다.

감산의 경우는, 감해지는 수와 감하는 수를 표시한 감산용 숫자판을 바꿔 놓고 똑같이 조작한다.

◉ 영구 자석

• 자석의 종류

옛날의 자석은 대부분 니켈이나 크롬 등의 합금이었으나, 현재는 붉은 녹을 화학처리한 바륨페라이트를 주원료로 하는 페라이트 자석이 널리 사용되고 있다.

바륨페라이트는 매우 미세한 가루 모양의 소재(素材)를 다른 소재와 혼합해서 압력 성형하여, 담금질을 한 일반적으로 페라이트 자석이라고 불리는 소결 자석 (세라믹 자석이라고도 한다)이나 합성수지와 혼합한 고무 자석·플라스틱 자석 등의 가요성 자석, 또는 종이에 도포한 종이 자석 등이 만들어 진다.

자석에는 N극과 S극이 있으며, 다른 극은 흡착하고, 같은 극은 반발하는 성질을 가지고 있는데, N·S극의 착자(着磁) 장소는, 그림 62와 같이 자유로 고를 수 있다.

단, N극 또는 S극만을 단독으로 꺼낼 수는 없다.

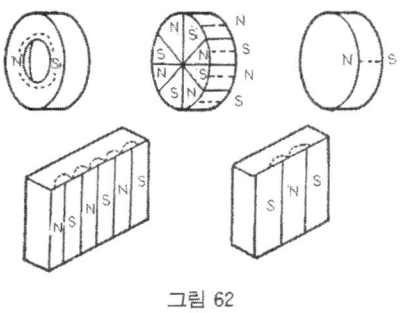

그림 62

• 세계에서 제일 강한 자석

종래의 금속 자석 또는 페라이트 자석보다 훨씬 강한 자석이 미국에서 발명되었다.

그것은, 코발트와 회토류 원소인 사마륨과의 합금으로 되어 있는 사마륨 자석이다.

그러나, 이들의 물질은 값이 비싸며, 양적으로도 별로 풍부하지 않으므로, 다른 합금은 할 수 없는지, 좀더 강한 자석은 할 수 없는지에 대해

세계 여러 나라에서 연구가 추진되고 있었다.

그리고, 일본의 사가와(佐川眞八) 박사가 1938년에, 철과 네오디뮴, 붕소 및 미량의 알루미늄, 디스프로슘이라고 하는 원소로 이루어진 합금으로부터 사마륨 자석보다 더 강한 네오디뮴 자석의 발명에 성공하였다.

이것이 세계에서 제일 강한 자석이다. 사마륨, 네오디뮴 자석을 희토류 자석이라고 한다.

• 자력선의 통로

N극에서부터 S극에는 공간을 지나서 자력선이 통하고 있으나, 공간보다 통하기 쉬운 길, 예를 들면 철판을 대면, 그 철판을 길로 해서 도통(導通)한다.

흔히 자석이 가구 그 밖의 고정구로서 사용될 경우, 대부분 그림 63과 같이 철판에 끼우고 있다.

이렇게 하면, N·S극의 자력선이 각각의 철판에 모여서 화살표와 같

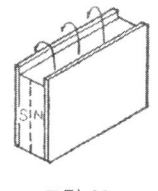

그림 63

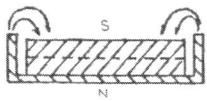

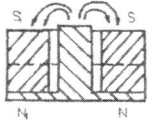

그림 64

이 윗가장자리에서 모든 자력선이 도통하므로, 공간으로 도피하는 자력선이 없어져서, 자석만으로 붙이는 것보다 훨씬 강해진다.

이 자석에 대는 철판을 요크(yoke)라고 부르는데, 모양을 바꾼 요크와 자석의 조합에 의해서, 자력선을 집중시키는 장소는 **그림 64**와 같이 여러가지 구할 수 있다.

- 자극의 대향

또 2개의 자석을 기계 요소로서 사용할 때는, 눈에 보이지 않는 자력선이 매개절(媒介節)의 역할을 하므로, N·S극의 대향에 의해서 원동절과 종동절 사이에 운동을 전할 수 있다.

그림 65 (a)와 같이 통속에 같은 극을 대향시켜서 2개의 자석을 넣어두면, 양 자석은 반발해서 위의 자석을 압압(押壓), 해방하는 것으로 직선운동을 해서, 자력선이 스프링의 역할을 한다.

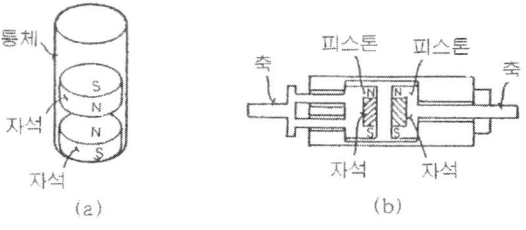

그림 65

또 그림 65 (b)와 같이, 한쪽 축은 회전할 수 있도록, 또 한쪽 축은 두 갈래로 해서 회전은 하지 않고 좌우로 접동할 수 있게 해서, 양쪽의 축 끝 피스톤에 상하를 N·S극으로 한 자석을 대향시켜서 장치하면, 회전되는 쪽의 축을 회전시키는 것으로 대향하는 자극이 바뀌어서, 흡착·반발을 반복하고, 다른 한쪽의 축은 좌우의 직선운동을 한다.

⊙ 전자석

• 전자석을 만드는 방법

전자석은 영구자석과 달라서 전류를 흘렸을 때만 자석이 되고, 전류를 끊으면 자력이 없어진다. 따라서 자력의 발생·소멸을 전류의 통과·절단에 의해서 마음대로 할 수 있기 때문에, 영구자석과 다른 용도가 얻어진다.

전자석은 에나멜선과 쇠막대로 간단히 만들 수 있다.

그림 66 (a)와 같이 적당한 길이의 쇠막대에 에나멜선을 위로부터 오른쪽감기로 하여, 전지의 ⊕, ⊖를 그림처럼 이으면, 상단에 N극, 하단에 S극이 발생한다. 또 그림 66 (b)와 같이 말굽 모양으로 구부린 쇠막대에 한쪽은 밑으로부터 오른쪽감기로, 또 한쪽에는 밑으로부터 왼쪽감기로 해서 전지를 그림처럼 이으면 오른쪽감기로 한 쪽에 N극, 왼쪽감기로 한 쪽에 S극이 얻어진다.

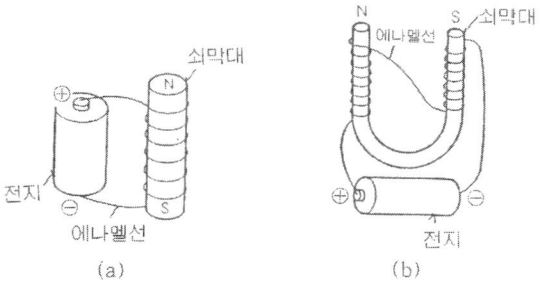

그림 66

전신기·벨·전류계·전압계·모터 등 모두 전자석의 이용이다.

전자석의 세기는, 철심의 굵기(단면적)와 코일의 감긴 수, 코일을 흐르는 전류의 세기의 제곱에 비례한다.

그러나, 코일이 감긴 수를 함부로 늘려도 전류의 세기가 똑같으면, 저항이 늘기 때문에 오히려 전류가 약해져, 자력은 강해지지 않는다.

108 제2부 움직이는 메커니즘

⦿ 레이더 학습기

- 학습기의 구조

이 고안도 지금까지 몇가지를 나타낸 정오답 가운데에서 바른 답을 찾아내는 학습기이다.

겉보기는, 사진 19·그림 67에 나타낸 거처럼 왼쪽 위의 구석에 방위 자석, 오른쪽 위에 테스터 펜을 수납하는 펜을 놓는 홈, 그 아래쪽에는 카드를 놓는 대와 스위치 역할을 하는 알루미늄판이 각각 설치되어 있다.

안쪽의 구조는 그림 68 (a)처럼 중앙부에 건전지, 방위 자석의 아래

사진 19

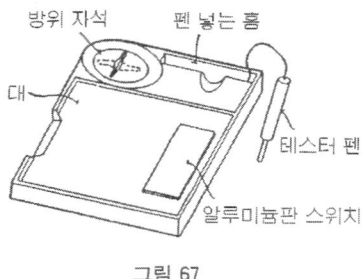

그림 67

계산을 할 수 있는 장치와 자석 장치   109

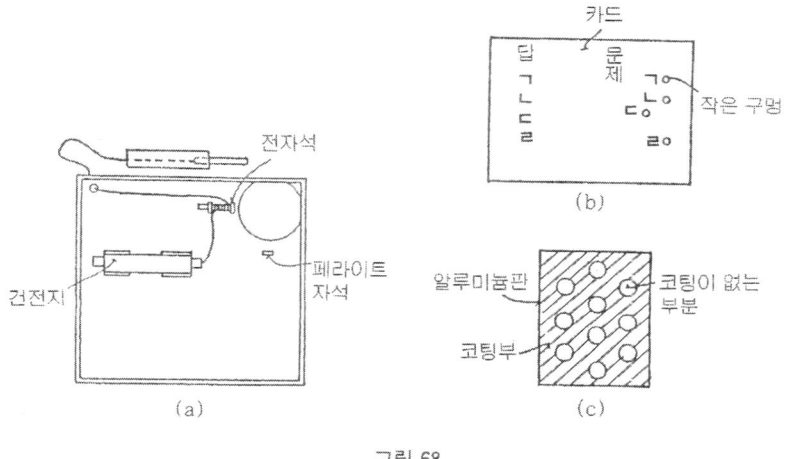

그림 68

와 옆의 직각 위치에 작은 페라이트 자석과 전자석이 설치되어 있다.

그리고, 건전지의 ⊕는 알루미늄판에, ⊖는 전자석의 코일을 거쳐서 테스터 펜에 결선(結線)되어 있다.

그림 68 (b)는 학습용 카드로, 하나의 문제와 4가지의 정오답이 표시되어 있으며, 답의 부호와 같은 부호를 붙여서, 답의 수만큼 작은 구멍이 뚫려 있다.

그리고, 카드를 대 위에 놓으면, 각 작은 구멍이 알루미늄판 위로 오므로, 옳다고 생각하는 작은 구멍에 테스터 펜의 끝을 대면, 정답이면 전류가 통해서 페라이트 자석으로 끌어 당겨져 있는 방위 자석의 지침이 전자석에 의해서 수평으로 끌어 당겨진다.

오답인 때는 움직이지 않는다. 어째서 4개의 작은 구멍이 모두 알루미늄판 스위치의 위에 있는데, 정답인 때만 전류가 통해서 전자석이 작용하느냐 하면, 알루미늄판 스위치는 그림 68 (c)와 같이 ○표 부분을 제외하고, 투명 수지의 코팅이 되어 있다.

110   제2부   움직이는 메커니즘

- 답을 고르는 연구

그리고 카드의 정답의 작은 구멍은 ○표의 곳에, 오답의 작은 구멍은 코팅 위로 되도록 뚫려 있다. 따라서 정답의 구멍에 테스터 펜의 끝이 닿으면 전류가 통하여, 페라이트 자석보다 강한 전자석에 지침이 끌리고, 오답인 때에는 코팅한 수지 피막으로 전류가 통하지 않는 것이다.

이 고압의 포인트는, 방위 자석의 지침을 지구 자기에 관계없이 페라이트 자석으로 밀어서, 언제나 일정한 곳에 고정해 두고, 그것보다 힘이 센 전자석으로 당기는 것이다. ○표를 남기고 투명 수지로 코팅한 알루미늄판 스위치에 의해서 정오의 선택이 마음대로 되도록 한 것이다.

이 알루미늄판 스위치는 아직 정오답처럼 2개의 지시를 선택하는 이외의 사용 방법이 있을 것 같으며, 전자석과 영구자석의 조합도 여러가지 생각해낼 수 있을 것으로 본다.

또, 2개의 자석을 대향시켜서, 자석의 세기의 차를 이용하는 것도, 불가사의함을 구할 때에 사용할 수 있다.

◉ 전자석 엔진 카

- 전자석 카의 구조

사진 20은 전자석과 크랭크를 조합해서 회전 운동을 하며 주행하는 차이다.

구조는 그림 69 (a)와 같이, 차대(車臺)의 앞쪽에 건전지와, 중앙부에 크랭크축, 뒤쪽에 전자석이 각각 설치되어 있다.

전자석과 크랭크의 관계는 그림 69 (b)와 같이 L자형 로드의 한쪽이 새의 부리처럼 두 갈래로 되어 있어, 크랭크축을 물고 있으며, 또 한쪽에는 철판이 붙어 있어 전자석과 마주보고 있다.

또 크랭크축에 접촉하고 있는 스위치는, 그 접하고 있는 부분이 그림 69 (c)처럼 금속심의 일부는 합성수지로 덮혀 있다.

전지로부터의 전류는 ⊕에서 스위치→크랭크축→금속의 받침판을 거

계산을 할 수 있는 장치와 자석 장치 111

사진 20

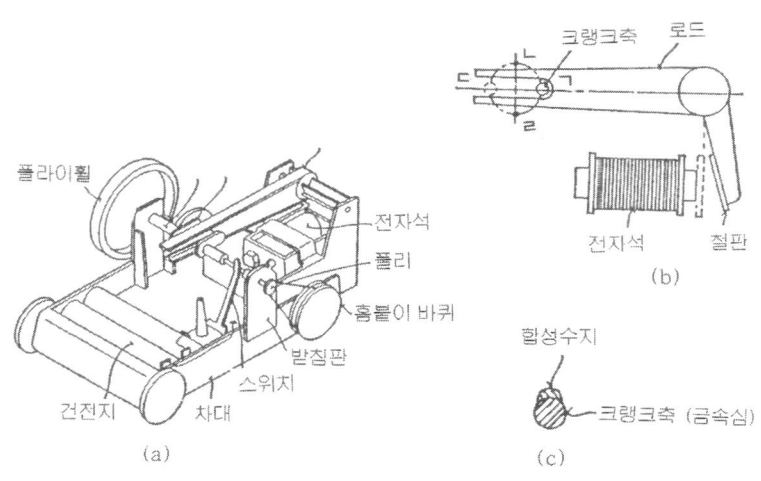

그림 69

쳐 전자석에 이르고, 전자석에서 차대의 하면을 통해서 전지의 ⊖에 결선되어 전류가 통한다.

이렇게 해서 전류가 흐르면, 전자석이 작용해서 철편을 흡착하고, 크랭크는 그림 69 (b)의 (ㄱ)에서 (ㄴ)으로 옮긴다. 그 때 크랭크축의 수지부(樹脂部)가 스위치와 접해서 전류가 차단되어 전자석의 작용이 없어지지만, 크랭크축의 끝에 설치되어 있는 플라이휠의 회전의 도움을 받아 ㈐,㈑의 위치까지 회전된다.

여기까지 돌면, 다시 크랭크축의 금속부와 스위치가 접촉해서 전류가 흘러, 전자석이 작용해서 철판을 흡착한다.

이 움직임을 반복하여 크랭크축이 회전해서 크랭크축의 다른 끝에 부착되어 있는 풀리와 1개의 홈붙이 바퀴에 걸려 있는 고무 밴드의 벨트로 회전을 전달해서 주행하는 것이다.

달리기 시작할 때는 상당히 어색하지만, 플라이휠이 잘 회전하면, 재깍재깍하고 기분 좋은 소리를 내면서 잘 주행한다.

회전축을 스위치로 해서, 전류의 단속을 하는 방법은 모터의 기구에도 사용되고 있다.

⊙ 마그넷 모터

• 모터의 구조

모터는 영구자석과 전자석의 조합이다.

모터에는 교류식과 직류식이 있으며, 그 가운데에 직권(直捲), 분권(分捲), 복권(複捲) 등 구성이 다른 것이 있다.

그림 70에 나타낸 것은, 완구나 작은 기기류(器機類)에 많이 사용되고 있는 직류 마그넷 모터의 분해도인데, 그 구성은 그림 70 (a)와 같이 외통(外筒) 안에 속이 빈 고리 모양 자석(계자, 필드)이 설치되어서, 고리 모양 자석의 중공부(中空部)에 코일을 감은 전기자(아마추어)가 약간의 틈새를 벌려서 끼워져 있으며, 전기자 중심축의 한쪽 연장부에 정류자(커뮤테이터)가 설치되어 있다.

이 정류자는 그림 70 (b)와 같이 전기자의 극수(그림에서는 3극)에 따라서 절연판으로 분할되어서, 각각의 전기자 코일에 통하고 있다.

그리고, 정류자는 조립된 상태로, 외통에 설치된 2개의 브러시로 그림 70 (b)처럼 끼어져 있다.

계산을 할 수 있는 장치와 자석 장치   113

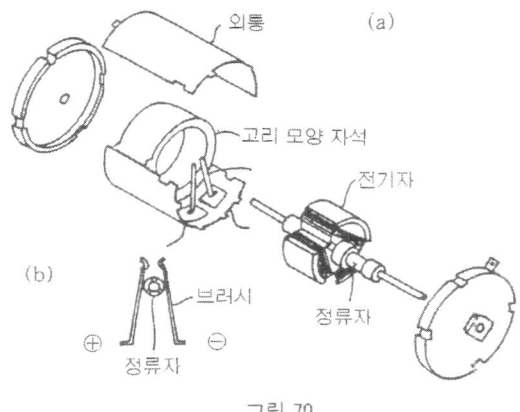

그림 70

 이와 같이 2개의 브러시에 건전지의 ⊕, ⊖를 연결하면, 전류가 브러시에서 정류자에 흘러 전기자의 코일에 이르고, 우선 2극의 전기자가 N과 S의 전자석이 되어서, 고리 모양 자석의 N, S극과 흡착 반발하여, 차례차례 극이 이동해서 회전을 시작한다.
 그러면 정류자도 회전해서, 지금까지 ⊕에 접촉해 있던 정류자는 ⊖에 접하고, 놓고 있던 정류자가 ⊕와 접해서 N, S극이 차례로 바뀌고 계자(界磁)의 자극과 흡착, 반발을 반복해서, 전기자가 회전을 계속하며 전기자의 축으로부터 회전을 밖으로 꺼낸다.

사진 21

- **정역(正逆)의 변환**

마그넷 모터는 브러시 부의 ⊕, ⊖의 접속을 반대로 바꿔서 이으면, 모터의 회전도 역전한다.

따라서 교통기관 등 탈것 등에 장치했을 경우, ⊕, ⊖를 변환하면, 전진, 후진을 용이하게 할 수 있다.

사진 21은 마그넷 모터의 한 예이다.

제3부 발명·고안의 기술

● 꼭둑각시 인형

• 조작의 시작

지금으로부터 300년도 더 이전에 「꼭둑각시 인형」이라고 하는, 고래의 수염을 태엽 대신으로 해서 움직이는 장치를 한 인형이 가게 앞을 번잡하게 하였다. 그후 20수년 지나서 교토(京都)나 예도(江戸)에 「꼬마중의 차 나르기」라고 하는 꼭둑각시 인형이 시판되었다고 한다. 값은 일푼이라고 하니까, 지금의 4~5,000엔쯤 될 것이다.

그 모습은, 귀여운 인형이 양손에 차잔을 들고 달그락달그락 가벼운 발소리를 내면서 걸어 나가, 손님이 차잔을 쥐면, 인형은 그 자리에 멈춰 섰다가, 다 마신 차잔을 인형의 손에 되돌리면, 이번에는 한바퀴 뱅그르르 돌아서 본래의 위치로 돌아가는 동작을 하는 것이다.

지금은 인간의 모든 동작과 거의 같을 정도로 복잡한 움직임을 할 수 있는 로봇이 만들어지고 있지만, 300년도 넘는 에도 시대에 이와 같은 인형이 만들어진 것은 놀라운 일이다. 당시는 금속의 태엽도 기어도 없었기 때문에, 장치의 고안과 제작 자체에도 대단한 노력이 필요했던 것이 틀림 없다.

• 인형의 재현

그 환상의 「꼭둑각시 인형」을 재현한 사람이 있어, 대강의 구조가 알려진 일이 있으므로 소개해 본다. 물론 태엽은 금속을 사용했지만, 기어나 다른 부분은 옛날대로 나무로 만들었다고 한다.

116 제3부 발명·고안의 기술

전체의 모양은 그림 71과 같은 것에 옷을 입힌 모습인데, 구조는 그림 71·72와 같이 직사각형의 틀에 태엽, 구동 기어와 캠이 1개의 축 위에

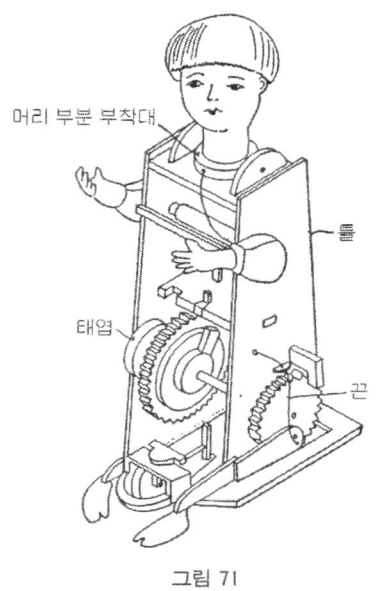

그림 71

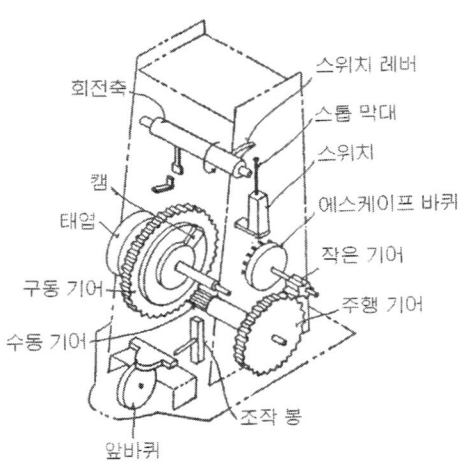

그림 72

장치되어, 구동 기어와 맞물리는 수동(受動) 기어가 주행 기어와 같은 축에, 그 아래쪽에 앞바퀴축을 움직이는 조작봉이 설치되어 주행 기어는 작은 기어를 사이에 두고, 발진(發進) 정지용 에스케이프 바퀴와 결합되어 있다.

에스케이프 바퀴의 위쪽에 에스케이프 바퀴를 구속 해방하는 스위치와 양팔을 지지하는 회전축이, 또 회전축의 한쪽에 스위치 레버가 부착되어 있다.

다시 주행 기어의 반대쪽에는 같은 지름의 바퀴가 붙어 있으며, 틀의 윗면에 회전축으로 머리 부분의 부착대가 받쳐져 있고 대의 앞가장자리에서 주행 기어의 발목에 끈이 결부되어 있다.

- 인형이 움직이는 방법

이와 같이 해서, 태엽을 감아 넣어도 손에 차잔을 가지고 있지 않을 때는, 회전축의 스위치 레버가 스톱 막대를 밀어내리고 있기 때문에, 스톱 막대의 선단이 에스케이프 바퀴의 편과 편 사이에 끼어서 각 기어는 회전하지 않는다.

손에 차잔을 들게 하면, 차잔의 무게로 회전축이 화살표 방향으로 돌고, 스톱 막대는 용수철로 위로 올라가서 에스케이프 바퀴의 편과의 맞물림이 풀려서, 모든 기어가 회전하여 인형이 움직이기 시작한다.

이 때 발은 그림 71과 같이 주행 기어와 반대쪽 바퀴에 각각 편심해서 부착되어 있으므로 번갈아 사뿐한 걸음으로 걷는 동작을, 또 발목과 머리 부분의 부착대의 앞가장자리에 연결되어 있는 끈이 긴장 이완을 반복해서 목을 앞뒤로 흔드는 동작을 한다.

그리고 구동 기어가 1회전하면, 같은 축위에 있는 캠이 조작봉의 한쪽을 눌러서 앞바퀴의 방향을 전환시킨다.

- 동작의 구조

왜 왕복하는지의 동작은 좀 세밀하게 되는데, 구동 기어와 수동 기어의 잇수의 비율이 60 대 8로 되어 있으며, 캠과 대응하는 구동 기어의 잇수가 13으로 되어 있다.

따라서 13의 잇수가 회전하는 동안에는 방향 전환을 하고, 나중의 47개의 이로 직진하게 된다. 그리고 수동 기어와 같은 축 위에 있는 주행 기어와 바퀴의 지름은 9cm로 되어 있으므로

$$9 \times 3.14 \times \frac{47}{8} = 166 \text{cm}$$

가 직진 거리가 된다.

차를 마시는 손님까지의 거리를 이 어림이나 또는 2분의 1로 해서 발진시키면, 처음에 말한 것처럼 목을 흔들고, 발을 번갈아 내밀면서 차를 나르고 손님이 차잔을 잡으면 정지하고, 또다시 차잔을 손에 되돌려 놓으면 회전해서 본래 상태로 되돌아가는 동작을 하는 것이다.

그 후, 차를 나르는 꼬마중 외에 곡예사나 다른 꼭둑각시 인형이 출현하였다. 이들의 인형은, 당시 특허제도가 있었다면, 훌륭한 발명으로 등록되었을 것이다.

● 조합의 묘(妙)

• 필통의 수요

필통은 국민학교에 입학할 때의 필수품으로, 해마다 입학 아동의 수를 100만 명이라고 하면, 적어도 그 수만큼은 팔린다. 게다가 난폭하게 취급하는 어린이가 있든가, 6년간의 수명이 없으면, 학번을 진급할 때 사는 사람도 있을 것이다.

그러므로, 해마다 신학기가 되면, 문방구 매장에는 여러가지 제품이 산처럼 쌓이게 된다.

상당히 오래전의 일인데, 아동을 대상으로 필통을 몇개 가지고 있는가를 조사한 일이 있었다. 그 때 한 사람이 2.7개라는 평균이 나왔다.

학교용・자택용・학원용 등 구별해서 사용한 듯하며, 또 연필을 넣는

것뿐만 아니라 어린이의 보물 등을 넣는 용기로도 사용하고 있었다.

그런 탓인지, 한 때는 뚜껑이 자동적으로 열리는 것. 열쇠가 걸리는 것 등이 판매되었고, 자동 기구가 고장이 나거나, 열쇠를 잃어버려서 뚜껑이 열리지 않아 학교에 가서 사용할 수 없었다고 하는 문제 등이 일어나서 세상의 비판을 받은 일이 있었다.

그러나, 현재의 어린이들은 과학적으로 진보되어 있는 탓인지, 단지 뚜껑을 손으로 여는 상자로는 흥미를 나타내지 않으므로, 업자들도 고심을 하고 있는 듯하다.

- **필통 용기의 고안**

이 고안은, 고장 등이 나지 않으며 무엇인가의 메커니즘적인 요소를 포함한 「섭동개각(摺動開脚) 필통 용기」라고 하는 용기이다.

그 구조는, 그림 73과 같이 윗면이 열려 있는 바깥 상자 속에 서랍 모양으로 가운데 상자가 삽입되어 있고, 바깥 상자의 뒷벽에는 바깥 뚜껑이, 가운데 상자의 뒷벽에는 연필꽂이판이 각각 부착되고, 바깥 뚜껑은 도중에 구부러져 있으며 윗쪽 부분이 연필꽂이판의 상부에 붙여져 있다.

가운데 상자의 앞쪽에 자석의 걸림판, 바깥 뚜껑의 위쪽에 걸림판에

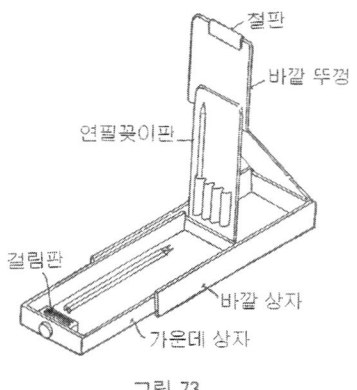

그림 73

자착(磁着)하는 철판이 부착되어 있다.

이 자석의 걸림판을 벗기고, 그림처럼 가운데 상자를 끌어 내면, 연필꽂이판이 점점 일어남과 동시에, 바깥 뚜껑과 붙여져 있기 때문에, 바깥 뚜껑도 열려서, 연필꽂이판은 상용하기 쉬운 상태로 선다. 바깥 뚜껑을 닫을 때에는, 반대로 가운데 상자를 밀어 넣으면, 연필꽂이판이 넘어지면서 바깥 뚜껑을 닫고, 가운데 상자가 바깥 상자의 뒷벽까지 간 곳에서 바깥 뚜껑은 완전히 닫히고, 자석 걸림판과 철판이 흡착된다.

가운데 상자의 앞뒤로의 직선 운동으로, 연필꽂이판과 바깥 뚜껑이 각각 붙은 부분을 중심으로 회전 운동을 해서 개폐하는 것이다.

지금 바깥 뚜껑과 연필꽂이판을 위쪽 부분에서 붙이지 않은 용기를 가정하면, 가운데 상자를 끌어 내도, 어느쪽도 열리지 않아 바깥 뚜껑과 연필꽂이판은 따로따로 개폐해야 하므로, 아무런 고안성도 없어진다.

그것을 「위쪽 부분에서 바깥 뚜껑과 연필꽂이판을 붙인다.」는 연구를 가하면, 이와 같은 고안이 되는 것으로, 기구의 조합은 대수롭지 않은 곳에 있는 것이라고 감탄하게 된다.

⊙ 완구용 주사기의 고안

* 액체를 기계 요소로 한다

이 고안은 액체를 하나의 기계 요소로 이용한 주사기이다. 모양도 조작도 의사가 사용하는 주사기와 똑같이 되어 있으며, 주사기 안에 적색의 액체가 드나들 수 있게 궁리한 것이다.

구조는 그림74에 나타낸 것처럼, 바깥통은 투명, 안통은 백색 불투명한 소재로 만든 것이다.

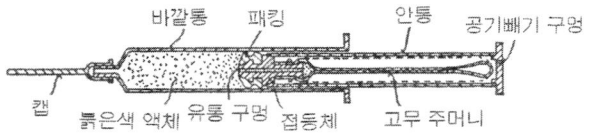

그림 74

바깥통의 선단은 바늘 모양을 한 캡으로 밀봉되었고, 안통의 선단에는, 중앙에 유통(流通) 구멍이 뚫려 있는 접동체(摺動體)를 끼우고, 접동체의 끝에는 기밀을 유지하기 위한 패킹이 끼워져 있으며, 뒷쪽에는 긴 고무주머니가 부착되어 있고, 안통의 꼭대기에 공기빼기 구멍이 뚫려 있다.

다시. 바깥통 속에 붉은 색의 액체를 적당량 넣어서 안통이 꽂혀 있다. 그림은 안통을 당겨서, 붉은 색의 액체가 보이고 있는 상태인데, 이 상태에서 안통을 밀어 넣으면, 바깥통의 앞쪽에 있는 액체는 유통 구멍을 지나서 고무주머니 속에 밀어 넣어져, 안통이 전부 들어갔을 때, 투명한 바깥 통에서는 안통의 흰색 면밖에 보이지 않는다.

다음에 안통을 바깥통에서 뽑아 내는 조작을 하면, 바깥 통의 끝은 캡으로 밀봉되어 있기 때문에, 바깥통의 안이 진공 상태가 되어서 고무 주머니 안의 액체는 빨려 나오게 되어, 안통을 잡아 뽑음과 동시에, 액체는 바깥통 안으로 나오게 된다.

이와 같이 안통을 밀고, 당기는 조작으로 바깥통 안의 액체가 보였다 안보였다 하기 때문에 밀어 넣을 때는 수혈, 뽑아 낼 때는 채혈처럼, 실제의 경우와 같은 상황이 실연되게 된다.

액체가 하나의 기계 요소가 되어서, 바깥통과 고무주머니를 왕복하고 있는 셈인데, 간단한 메커니즘으로 재미있는 연구이다.

이 주사기는, S사가 판매했던 바 어린이용 장난감뿐만 아니라, 장난스러운 유모어 완구로 어른들까지 사서 잘 팔린다고 한다.

• 다른 이용법

구조는 다르지만, 똑같이 액체를 기계 요소로 사용한 젖병의 완구가 미국 특허에도 있다

그것은 투명한 병의 몸체가 약간의 틈새를 빌리고 2중으로 되어 있으며, 그 틈새에 유백색의 액체가 들어 있어, 병 가득히 젖이 들어 있는 것처럼 보인다.

그리고, 병의 위쪽 부분이 불투명한 소재로 되어 있어서, 인형에게 젖을 먹이는 행위로 병을 거꾸로 하면, 가는 구멍이 있는 밸브를 통해서 액체가 불투명한 부분으로 흘러 들어가 보이지 않게 되어, 마치 인형이 다 먹은 것처럼 된다.

병을 세웠을 때에는, 밸브가 강하해서 급속히 틈새로 되돌아오는 장치가 되어 있다.

이 메커니즘을 사용해서, 이 밖에 액체가 기계요소로 되는 완구를 생각해낼 수는 없을까 하고 생각하고 있는 동안에, 목욕탕의 배수구에 사용하고 있는 트랩(쓰레기 제거)도 세면대의 배수관도 흘린 물을 그림 75처럼 일시적으로 괴게 해서, 하수로부터의 악취가 역류하는 것을 막고 있는 것을 깨닫게 되었다.

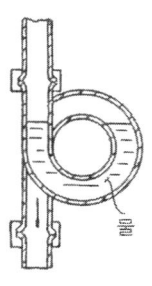

그림 75

● 기체를 기계 요소로 한 포트

• 공기도 기계 요소의 하나

공기는 색도 냄새도 없고, 보이지 않기 때문에 무게도 힘도 없는 것처럼 느끼지만, 공기에는 무게가 있고, 상공 몇천 미터까지 있는 공기의 무게로 사람이나 물체는 모두 꽉 눌려 있다.

그러나 그것을 느끼지 않는 것은, 위에서 뿐만 아니라 아래로부터도, 전후, 좌우에서도 눌려지고 있기 때문이다.

또 공기는 풍선과 같은 것에 불어 넣으면 풍선은 크게 부풀고, 강한 압력을 가하면 수축해서 큰 힘을 발휘한다.

따라서 대기압에서는 대단한 운동은 하지 않지만, 대기압보다 높은 압력을 가하든가, 낮게 하면 다른 것에 운동을 일으키게 한다.

비행기는 날개가 고속으로 공중을 가로지르는 것으로도 부력이 생겨서, 몇10톤이나 되는 기체(機體)를 공중에 지탱하고, 또 결정된 용적내에 고압으로 가득 채워지고 있는 공기 용수철은 무거운 전기차량도 힘들이지 않고 지탱하며, 자전거·자동차의 튜브도 공기가 훌륭하게 기계 요소의 역할을 하고 있다.

- 에어 포트의 구조

우리들 가까이에 있는 누르면 뜨거운 물이 나오는 에어 포트도, 용기 안에 대기압보다 큰 압력을 가하는 것으로 뜨거운 물을 내보내는 구조이다.

그림 76은 가열식 에어 포트의 단면을 나타낸 것으로, 유리 등으로 2중벽으로 만들어진 밀폐 용기가, 단열재를 감아서 바깥통 속에 넣어져 있고, 위쪽에는 개폐 밸브를 가진 주름상자 모양의 가압 펌프가 부착되어 있으며, 밀폐 용기의 바닥 쪽에서 바깥통의 밖으로 배수관이 설치되

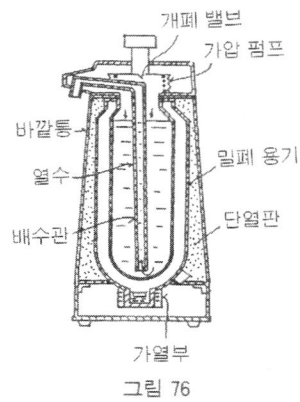

그림 76

어 있다.

보통 2중 용기는 내부가 진공이며, 내면은 거울처럼 도금이 되어 있다.

밀폐 용기의 아래쪽에 가열부가 설치되어 있으며, 작은 방에 물이나 알코올 등 증발성 열매체가 봉입되어 있고, 방 둘레에는 가열 장치가 설치되어 있다.

지금 그림의 상태에서는, 가압 펌프가 늘어날대로 늘어나서 밸브가 열려 있으므로, 펌프와 열수면(熱水面) 사이에 있는 공기는 대기압과 같으며, 열수면의 변화는 없다.

그러므로 가압 펌프를 누르면, 밸브가 닫혀서 펌프 안의 공기가 2중 용기 안으로 밀어 내려져, 그 용량분만큼 압력이 높여진다. 그러나, 배수관 안에 있는 열수면에는 펌프의 압력이 관계하지 않고 출구에서 대기로 통하고 있으므로, 높은 압력을 받은 열수는 화살표처럼 압력이 낮은 배수관 안으로 도피해서 배수관구로부터 나오게 된다.

가정에서 사용되고 있는 에어 포트는 그림 외에 펌프의 용량을 크게 하거나, 쓰러뜨려도 뜨거운 물이 엎질러지지 않는 밸브 장치 등이 설치되어서, 복잡한 기구로 되어 있다.

가열 장치의 작용은, 방 안의 열매체가 가열 장치에 의해서 가열되어, 증기가 되어서 2중 용기의 틈새 안으로 올가서, 온도가 낮은 용기의 벽에 닿으면, 포화 증기가 되어서 아래의 방으로 되돌아간다. 이것을 반복해서 2중용기 안의 열수의 온도를 높이는 것이다.

● 코일 용수철의 색다른 사용법

• 사용 방법으로 바꾼다

코일 용수철은 인장·압축으로 직선적인 작용을 하고, 가한 힘을 제거하면 원래의 상태로 되돌아가는데, 이 고안은 인장 용수철의 잡아 늘인 상태를 그대로 유지할 수 있는 기구로 한 「동물 완구의 잡기 장치」이

코일 용수철의 색다른 사용법   125

다.

 보통, 인형이나 동물 완구 등의 손이나 발은, 잡거나 펴거나 하는 모양으로 성형되기 때문에, 손에 물건을 쥐게 하는 것이나 홰에 앉게 하는 동작을 자유로 선택할 수가 없었다.

 그래서 이 고안은, 그림 77 (a)같이 본체의 한쪽에 거의 수평에서 직각 상태로 일어났다 쓰러지는 파지편을 장치해서, 본체의 중앙부로부터 파지편의 중앙부에 각각 걸리는 부분을 설치해서 코일 용수철이 잡아당긴 상태에서 걸쳐 놓았고, 본체의 양쪽에는 융기부가 튀어나와 있다.

 이와 같은 장치를 인형에 대해서 설명하면, 부드러운 수지로 만든 손 안에 삽입해 두는 것이다.

 그림 77 (a)는 손이 펴져 있는 상태로, 이제부터 무엇인가를 잡게 하고 싶을 때에는, 파지편을 그림 77 (b)처럼 일으키면, 인장 용수철이 작용해서 파지편과 융기부로 임의의 물체를 꽉 잡아 인형에 여러 가지의 것을 갖게 할 수 있다.

 물체를 놓을 때는 파지편을 본래의 위치로 되돌리면 되며, 본체를 가늘게 만들면 새의 발 등에도 삽입할 수 있으므로, 나구에 앉히거나 평평

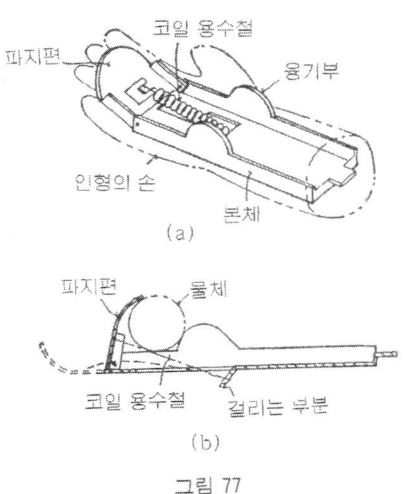

그림 77

한 곳에 놓거나 할 수도 있어, 응용 범위가 넓다.

• 관찰해서 의문을 갖는다

이 고안을 보고, 파지편이 쓰러진 상태에서도 인장 용수철이 작용하고 있는 데 파지편이 왜 일어나지 않는가, 하고 의문을 가질 것이다. 물론 용수철의 힘이 약해서 일어날 힘이 없는 것도 생각할 수 있으나, 그렇다면 쥐었을 때의 힘도 약해서 용수철을 설치한 효과가 없다.

그래서 다시 한번, 용수철의 항목을 생각해 보면, 압축·인장 어느쪽의 용수철도 힘을 가하면 변형해서 힘을 비축하고, 힘을 제거하면 탄성으로 본래의 모습으로 되돌아가, 그 운동의 방향은 어느것이나 직선의 한 방향이었다.

• 용수철 힘의 실험

지금 그림 78 (a)와 같이 받침대 한쪽에 지주를 세우고, 또 한쪽에는 축에서 일어나고 쓰러지는 것이 자유로 되는 가동편(可動片)을 설치한 후, 그 사이에 인장 용수철을 뻗치고, 점선으로 된 곳까지 가동편을 쓰러뜨려 본다.

이 때 용수철이 잡아당기는 힘이 1점 쇄선과 같이 직선적으로 작용해서, 그림에서도 알 수 있듯이 가동편을 일으키려고 하는 회전 방향으로 힘을 빌려 주므로, 쓰러뜨린 힘을 제거하면 가동편은 일어나게 된다.

그러나 지주를 극단적으로 짧게 해서, 그림 78 (b)와 같이 용수철을 걸고, 가동편을 점선처럼 쓰러뜨리면, 잡아당겨진 용수철은 가동편의

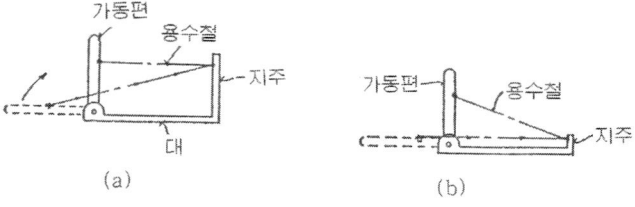

그림 78

회전축 가까이를 지나서, 용수철의 인장력은 회전축 방향으로는 작용하지만, 가동편이 일어나는 방향으로는 힘을 빌려 주지 않는 것을 알 수 있다.

다시 말해서, 용수철과 회전축과 가동편이 일직선상에 오게 되면, 가동편을 일으키는 힘은 제로가 되고 마는 것이다.

이 고안은, 이 기구를 이용한 것으로, 구성상 파지편·회전축·용수철을 일직선으로 하지 않고, 약간 마이너스 방향으로 구부려서 사용하고 있다.

한 방향으로 작용하는 용수철의 힘도, 그 작용을 일시적으로 멈춰 버리는 기구로 하면, 용수철은 반력을 비축한 채 작용하는 것을 기다려 주는 것이다.

● 루빅 큐브

• 루빅 큐브의 도래

수수께끼의 6면체…… 몇분 동안에 6면을 각각 같은 색으로 맞칠 수 있는가, 라고 한때는 경연대회까지 열려서 폭발적인 붐을 일으켰던 루빅 큐브는, 아는 바와 같이 26개의 작은 입방체로 조립되고, 6면이 자유로 회전되는 게임 기구이다.

루빅 큐브는 헝가리의 수도 부다페스트에 있는 응용미술 대학으로, 건축공학을 가르치고 있는 에르노 루빅 교수가 발명한 것이다.

이 완구는 헝가리에서 만들어지고, 얼마 안되어 미국으로 건너가 완구 쇼에 진열되어 있던 것을, 신상품을 시찰하러 갔었던 T사의 전무가 발견한 것이다.

그리고, 발매 1년간에 약 200만개를 팔아, 언제나 제품이 딸리는 형편이었다.

• 일본에도 있었던 발명자

그런데, 루빅 교수가 이 퍼즐 기구를 발명한 것과 거의 같은 시기에, 이바라기현에 사는 I씨라고 하는 사람이 똑같은 퍼즐 기구를 생각하고 있었다.

I씨는 어린이 시절부터 퍼즐이 좋아서 15 맞추기, 그림 맞추기 등을 했는데, 평면적이므로 바로 하는 방법을 기억할 수 있어서 질리고 만다.

그래서 입체적으로 하면, 좀더 복잡하고 재미있는 게임을 즐길 수 있을지도 모른다고 생각하기 시작하였다.

우선 최초로 생각한 것은, 「주사위 모양의 회전식 조합 완구」(1976년 10월 출원), 다음이 「회전 조합 완구」(1977년 3월 출원), 계속해서 「회전식 입체 조합 완구」(1977년 3월 출원)를 잇달아 발명해서, 각각 1980년에 특허의 허가가 내렸다.

그래서 I씨는, 시작(試作)을 사진으로 찍어서 완구 메이커 20개사에 팔았다. 이 이야기는 드라마틱한 후일담이지만, 다른 책에서 기회가 있으면 설명하기로 한다.

• 최초로 발명한 퍼즐 기구

주사위 모양의 회전식 조합 완구.

이제부터 설명하는 구성·작용은 각 명칭 밑에 나타낸 공보에서 저자가 독해한 것으로, 도면의 일부 기타 생략한 부분이 있으므로, 상세한 것을 알고 싶은 사람은 공보를 입수해서 연구하기 바란다.

우선 구조는, 그림 79 (a)·(b)에 나타낸 것처럼, 구(球)를 중심으로 해서 구의 둘레를 슬라이드하는 8개의 구석 부분 이동체와, 12개의 중부 이동체와 6개의 회전 이동체로 구성되어 있다. 벗겨지지 않고 도는 구조는 그림 (a)와 같이 중부 이동체의 블록단부(凸段部)를 회전 이동체의 오목단부(凹段部)로 눌러, 각각 슬라이드가 가능하게 되어 있고, 회전 이동체는 중앙을 나사로 구체에 회전할 수 있도록 부착되어 있다.

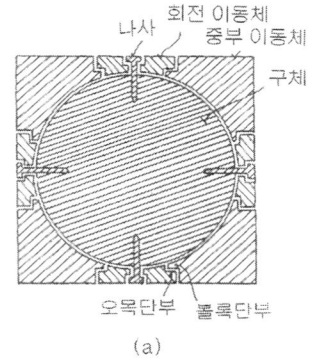

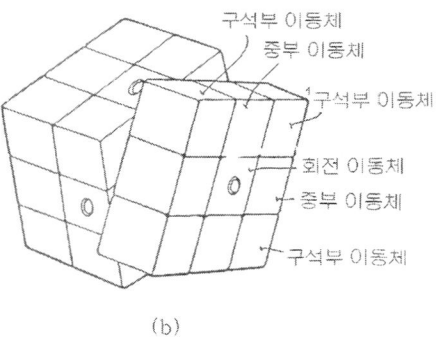

그림 79

또, 그림에는 없으나 구석 부분 이동체는 볼록단부가 있어서, 중부 이동체의 오목단부로 똑같이 눌려져 있다.

이와 같이 하면, 각 이동체는 구에서 벗겨지는 일 없이 1면 9개의 작은 입방체는 각각의 면에서 좌우 어느쪽으로도 회전시킬 수 있다.

- I 씨의 3번째 퍼즐 기구

2번째로 발명한 것은 생략하고, 3번째로 발명한 「회전식 입체 조합 완구」는, 앞의 두 발명은 구를 중심으로 해서 구면을 따라서 회전하는 것이나, 이것은 그림 80 (a)~(e)에 나타낸 것처럼 중심 입방체의 6면에 회전 입방체가 칼라를 중간에 두고, 나사로 고정되어 있으며, 나사를 중심으로 회전한다.

회전 입방체의 상하면을 제외한 각 면에는, 그림 80 (a)에 나타낸 것과 같이 가동 중심체 및 구석부분체의 튀어나온 줄기가 끼워지는 원호 모양의 홈이 패어 있고, 회전 입방체의 상하·좌우에 위치하는 12개의 가동 중심체에는, 인접하는 3면에 그림 82 (b)와 같이, 회전 입방체의

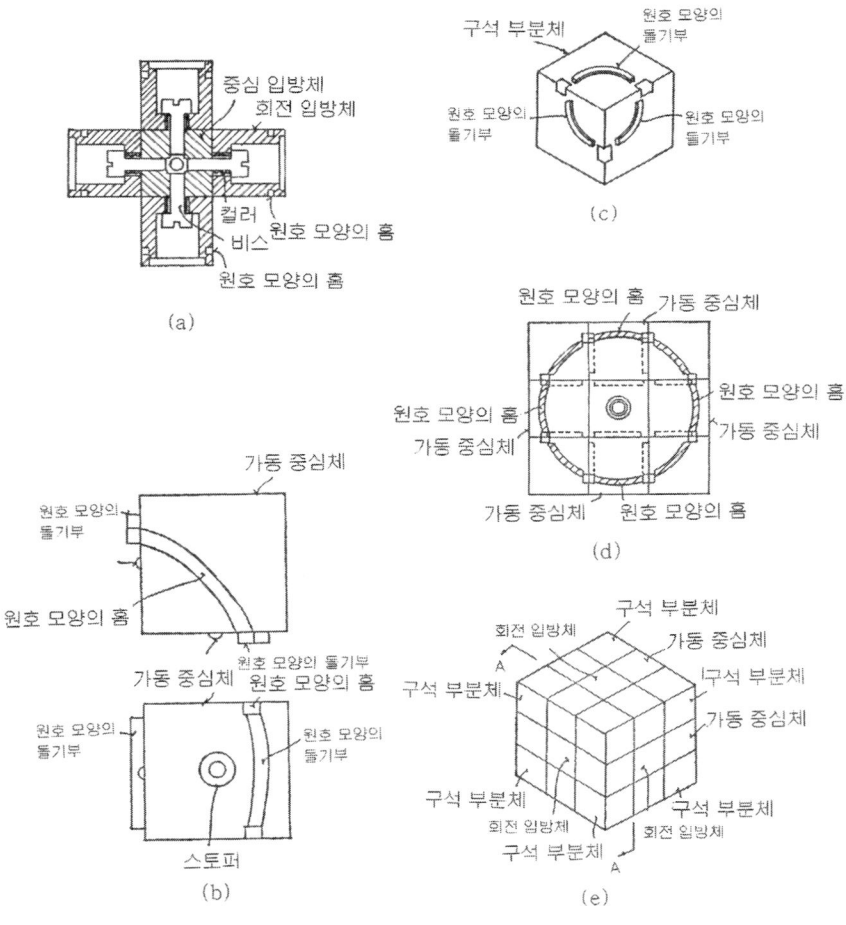

그림 80

원호 모양의 홈과 끼워맞추는 원호 모양의 튀어나온 줄기부와 원호 모양의 홈이 만들어져 있다.

다시 각 구석부에 해당하는 8개의 구석부분체는 밑면과, 그것에 이웃하는 2면에 가동 중심체의 원호 모양의 홈과 끼워맞추는 그림 80 (c)에 나타낸 튀어나온 줄기부가 만들어져 있다.

이와 같이 각 입방체를 조합하면, 그림 80 (e)의 A-A시를 나타내는 그림 80 (d)의 점선처럼, 각 돌출된 줄기와 홈이 끼워 맞춰져서, 회전 입방체는 나사로 중심 입방체에 고정되기 때문에 중심 입방체와 26개의 입방체는 뿔뿔이 흩어지지 않고 6면을 자유로 회전시킬 수 있다.

● 루빅 교수의 퍼즐 기수

이 퍼즐 기구는 실물을 분해해서 그림을 그리고, 각부의 명칭은 비교하기 쉽게 I씨의 퍼즐 기구와 같은 부분은 같은 명칭을 붙였다.

그림 81은 전체를 분해한 사시도이며, 중심체는 작은 입방체의 크기로, 6방향으로 원기둥이 튀어나와 있으며, 중앙에 나사구멍이 뚫려 있다.

회전중심체는 두께를 작은 입방체의 절반으로 하고, 남은 절반의 길

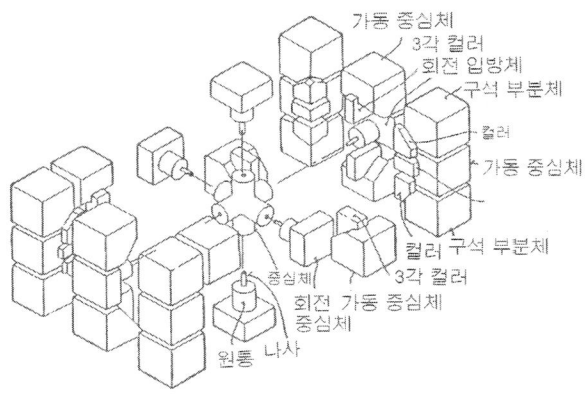

그림 81

이로 원통이 쑥 나와 있으며, 그 끝에 나사가 부착되어 있는데, 6개가 모두 같은 모양으로 되어 있다.

가동중심체는 12개 있는데, 서로 이웃한 두 면의 한쪽 중심부에 3각 칼라가 튀어나와 있고, 구석부분체는 8개로 인접하는 두 면의 귀퉁이 부분에, 앞쪽과 아래쪽으로 튀어 나온 칼라가 설치되어 있다.

이와 같이 그림의 오른쪽 위를 보면 알 수 있듯이, 회전입방체의 상하에 위치하는 가동중심체는, 겹쳐진 상태에서 3각 칼라가 회전입방체의 뒷벽에 걸려 있고, 그 오른쪽에 있는 2개의 구석부분체와, 그것에 끼여진 가동중심체는, 각각의 칼라 및 3각 칼라의 돌출부가 회전중심체와 가동중심체의 상하 노치부에 끼워져서 고정된다.

1면 8개의 작은 입방체는 모두 회전중심체에 의해서 눌려지고, 회전중심체는 나사로 중심체에 고정되어 있으므로, 뿔뿔이 흩어지지 않고, 9개의 작은 입방체는 나사를 중심으로 해서 좌우 어느쪽으로도 회전할 수 있다.

그림 82는 1면을 빠뜨린 상태의 평면도인데 가동 중심체로 눌려 있는 곳을 알 수 있다.

설명을 대충해서 이해하기가 어려웠을지도 모르나, 어디가 I씨의 3번째의 퍼즐과 다른지 독자 여러분도 비교해 보기 바란다.

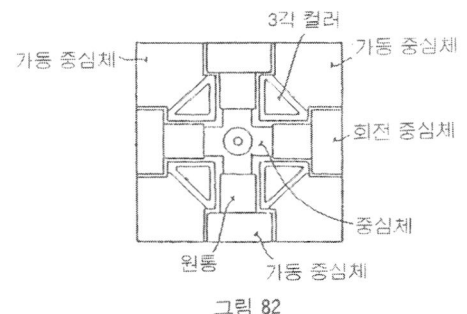

그림 82

● 놀이터 완구의 고안

• 자석과 크랭크의 조합

이 고안은 자석의 반발과 크랭크의 조합으로, **그림 83**을 보는 것만으로 대체적인 구조나 움직이는 방법을 알 수 있는 간단한 것이다.

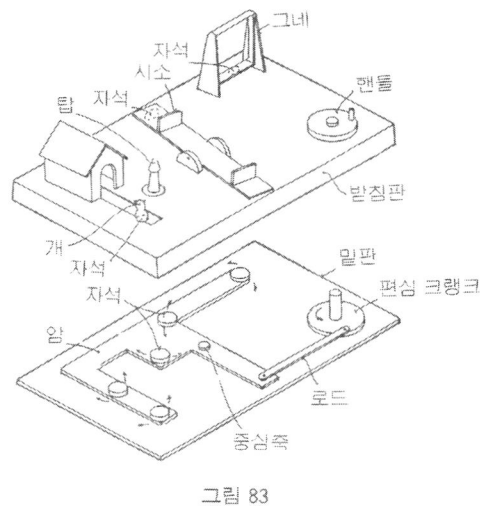

그림 83

밑판에는 거의 F자 모양을 한 암이 중심축에 요동 자재로 장착되어 있고, 암에는 자석이 5개 붙여져 있으며, 암의 한쪽 끝과 편심 크랭크가 로드로 연결되어 있다.

그리고 밑판을 덮는 받침판 위에는 각 자석의 부착 위치에 상당하는 곳에, 그네·시소·탑·개의 각각 밑면에 암 위의 자석과 같은 극(極)을 대면시킨 자석이 배치되어 있다.

편심 크랭크는 받침판의 핸들과 같은 축 위에 부착되어서 편심 크랭크를 회전시킬 수 있다.

또, 그네는 앞뒤로 흔들리고, 시소는 한쪽을 약간 무겁게 해서 번갈아 오르내리고, 탑은 머리 부분이 오르내린다. 또 개는 홈 속에 끼워져 있으며 좌우로 움직일 수 있게 되어 있다.

이렇게 받침판을 밑판 위에 씌우고, 핸들을 돌리면, 편심 크랭크에서 암은 중심축을 중심으로 해서 흔들리고, 각 자석은 화살표와 같이 움직이므로, 그네는 흔들리고, 시소는 오르내리고 탑의 머리가 오르내리며, 개는 개집으로 들어갔다 나왔다 하는 각 동작을 동시에 할 수 있다. 물론 상품이 될 때에는, 각 놀이 기구에 인형이나 동물을 올려놓게 된다.

이 움직임을 기본으로 해서, 암의 모양을 바꾸거나, 받침판 위의 놀이 기구를 다른 것으로 바꿈으로써, 전체의 느낌을 다른 것으로 할 수 있으며, 또한 자석의 반발뿐만 아니라, 흡착도 이용하면 더욱 재미있는 움직임을 시킬 수 있다.

● **소변을 보는 인형**

• 자력(磁力)의 차를 이용

3세에서 5세 정도의 유아는, 무엇이든지 어른의 흉내를 내고 싶어한다. 그러므로 여자 어린이가 노는 인형도 이야기를 하고, 우유를 마시며, 눈을 깜빡이는 등 인간과 똑같은 동작을 하는 것이 여러가지 고안되어 있다.

이 고안도 우유를 마시고, 변기에 소변을 볼 수 있는 인형인데, 자석의 흡착과 자력의 차를 이용한 것이다.

그 구조는 **그림 84** (a)에 나타낸 것처럼, 인형의 몸체 안에 물탱크와 입구멍으로부터 물탱크, 밸브를 거쳐 배설 구멍으로 파이프가 배관되어 있다.

밸브의 구조는 **그림 84** (b)의 확대도로 나타낸 것과 같이, 물탱크로부터의 유입구(流入口)에 링 자석이 고정되고, 그것과 대면한 밸브실에는 밸브 자석이 좌우로 움직일 수 있게 설치되었으며, 밸브실 아래쪽에 유출 구멍이 뚫려 있어 배설 구멍으로 이어져 있다.

그리고 인형과는 별도로 변기가 준비되어 있으며, 인형을 변기에 걸

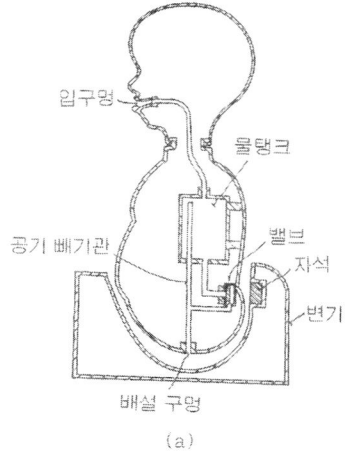

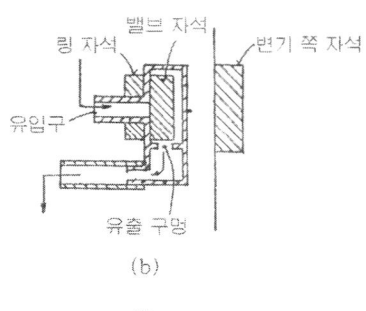

그림 84

터앉혔을 때 정확하게 밸브 자석과 대면하는 위치에 자석이 파묻혀 있다.

이와 같이 완구용 젖병으로 젖을 먹이는 동작을 해서, 입구멍에서 물을 탱크 안으로 주입한다. 그러나, 이 때 밸브는 그림 34 (b)의 상태에서 링 자석과 밸브 자석이 흡착되고 있고, 유입구가 닫혀 있기 때문에 물은 배출되지 않는다.

그런데, 변기에 소변을 보이기 위해 인형을 변기에 걸터앉히면, 변기에 설치되어 있는 자석은, 링 자석보다 용량(자력)을 훨씬 크게 하였기 때문에, 밸브 자석은 링 자석과의 흡착이 떨어져서 변기 쪽 자석에 흡착된다. 그러면, 유입구가 열리고, 탱크 안의 물은 유출 구멍으로부터 배설 구멍에의 통로로 유출된다.

변기에서 인형을 풀면, 또 링 자석 쪽으로 밸브 자석이 흡착되어서 유입 구멍은 닫힌다.

자석의 반발력을 이용한 스위치 기구도 있지만, 이 고안과 같이 서로 흡착하고 있는 자석은, 상대보다 용량이 큰 자석을 접근시켜서 끌어 당기는 자력의 차를 이용할 수도 있는 것이다.

제4부 발명에 도전

● 메커니즘의 명인

• 메커니즘에 익숙해진다

나의 친구인 마키지마(牧島)씨는 어렸을 때부터 부지런하다고 할까, 손재수가 있다고나 할까 어쨌든 무엇인가를 손수 만드는 것을 매우 좋아했다고 한다. 물론 자라서도 그것이 버릇이 되어서, 다리미가 고장이 났다고 하면 분해해서 수리를 한다.

괘종 시계가 움직이지 않게 되면, 즉시 분해해서 기름을 치고 고친다. 그러한 반복이 마키지마씨를 메커니즘의 명인으로 하였다.

지금 마키지마씨는 S완구 회사 개발과에 근무하고 있으며, 매일 인형의 메커니즘과 씨름을 하고 있다.

그리고 지금까지 생각해 낸 인형의 아이디어만도 200건을 넘는다고 한다.

단추를 누르고 있으면 손발을 능숙하게 움직여서 춤추는 인형, 그림을 그리는 인형, 이야기를 하는 인형…… 수를 헤아리건 한이 없으며, 인간이 하는 동작은 무엇이든지 시킨다.

• 메커니즘을 생각하는 비결

어느날 잇달아 생겨나는 인형을 앞에 놓고 아이디어를 내는 비결을 물었던 바,

「이와 같은 것은, 내가 새로 생각해 내는 것은 아니에요. 이들의 장치는 대부분 다른 사람이 생각한 것인데, 그것을 움직이게 하려면 어떤 장치를 어떻게 조합하면 되는지를 발견할 뿐이에요. 종종 메커니즘에 강

하다는 말을 듣지만, 그것은 과거의 장치를 많이 알고 있을 뿐이에요.」
라고 천연스럽게 말하였다.

그리고 바로 곁에 있는 작은 인형 (사진 22)을 집어서「이 인형은 동력 없이 움직이는 것입니다」라고 설명하였다.

사진 22

「지금 우리 회사에서 전동(電動)으로 물이 나오는 샤워 완구를 팔고 있습니다. 이 부속품으로 작은 인형이 붙어 있는데, 이것이 움직이면 좀 더 재미있을 것이라고 말들을 하였지만, 이처럼 전체가 작고, 물을 뒤집어 쓰기 때문에 전지나 모터 등 동력은 장치할 수 없을 뿐더러, 만든다고 해도 값이 비싸져서, 여간해서 부속품으로는 쓸 수가 없어요.

그래서 여러가지로 생각하던 차에, 동력은 바로 주변에 있었던 것이예요. 이 샤워 완구는 전동이기 때문에, 이것으로부터 동력을 조금 나누어 받으면 된다고 착안한 것이지요. 그렇게 하면 인형의 체내에는 움직이는 장치를 넣기만 하면 되므로, 바로 이 인형을 만들 수 있었습니다.」

● 목을 흔드는 인형의 구조

샤워 완구라고 하는 것은, 작은 욕조에 샤워를 비치하고 있으며, 모터에 직결된 펌프로 욕조에 넣은 물을 순환 분출시켜서, 작은 인형에 목욕을 시키는 것이다. 이 펌프를 구동하는 기어에서 하나 더 회전하는 축을 덧붙여서 탕조(湯槽) 속에 쑥 내밀어서, 그 축의 선단을 탕조 속에 앉힌 인형 잔등이의 오목부에 끼워 넣고 샤워의 스위치를 넣으면 샤워가 작동하는 동시에 인형도 작동하게 된다.

인형의 메커니즘은 그림 85와 같이 받침 기구와 일체로 되어 있는 크랭크 풀리가 십자의 요동막대 아래쪽 구멍에 끼워져 있으며, 요동봉의 위끝과 좌우 끝에 요동편이 느슨하게 끼워져 있다. 요동편의 끝에는 좌우의 팔과 머리 부분이 끼워져 있다.

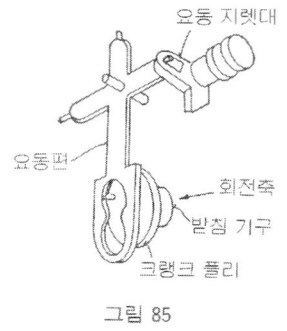

그림 85

이와 같이 샤워를 작동시키면 샤워로부터의 회전축으로 크랭크 풀리가 돌려져서 요동봉의 아래쪽이 좌우로 움직여서, 마치 샤워를 해서 기분 좋은 듯이 목과 팔을 움직이는 동작을 하는 것이다.

여기까지 오는데 여러가지로 수고했을 것으로 생각하는데, 주체인 샤워에서 동력을 나누어서 동력을 편성할 수 없는 작은 인형을 움직이게 한 해결은 훌륭하며, 과연 메커니즘의 명인이라고 감탄하였다.

그리고 「이미 이루어진 원리를 많이 알고 있을 뿐입니다」라고 하는 한마디가 머릿속에 깊이 새겨졌다.

● 메커니즘을 알고 있는 사람은 벌이가 된다

• 메커니즘의 톱 러너

메커니즘을 알고 있으면 발명에 강해진다. 그리고 좋은 발명을 많이 할 수 있기 때문에 벌이가 된다고 할 수 있는 것이다.

물체에는 어떤 기능을 다하는 움직임이 있어, 이렇게 움직여 보고 싶다고 문득 생각이 떠오르는 것은 누구나 할 수 있지만, 그러면 어떠한 구조로 하면 생각한 대로 움직여 준다는 것은, 메커니즘을 알고 있느냐, 알지 못하느냐에 따라서 큰 차이가 생기게 된다.

내가 거들어 주고 있는 일요발명 학교에서는, 자기가 생각한 발명을 발표하거나, 발명에 관한 강연이나 무료 상담을 하고 있는데, 몇 가지 발표 작품을 보고 있으면, 이 사람은 메커니즘을 알지 못하는구나…… 라고 생각되는 사람은 바로 알 수 있다.

그것은 발명의 중심이 되는 짜임새가 좀 미흡하다고나 할까, 아직 좀 더 연구를 했으면 좋을 것 같은 것이 많아, 나중에 강사 선생으로부터, 이 부분은 이렇게 하면 좀더 간단하게 잘 할 수 있어요, 라고 가르침을 받고 있다.

또, 지금까지 각 짜임새의 실시예로 페이퍼부회(部會)라고 하는 그룹 사람들이 생각한 학습 연구사의 부록을 설명하였는데, 그룹 가운데에서 기계공학을 전공한 N씨가 채용 효율은 회원 가운데 톱이었다.

실례인 고무 동력 시계나 맵 미터, 코팅한 알루미늄판 스위치의 레이저 학습기를 비롯하여 지금까지 50점 이상의 아이디어가 채용되었다.

물론 아이디어 센스의 좋은 점도 함께 가지고 있기 때문이지만, 짜임새의 이용, 조합 방법 등은 발군이라 하겠다.

또 연구 열심으로 정년 후에는 신제품의 시작자(試作者)가 되려고 생각하는 S씨도 N씨에 뒤떨어지지 않는 메커니즘 지식을 가지고 있으며,

걸치 기어를 이용해서 3단으로 뚜껑이 열리는 학습기, 래칫의 핸드 카운터, 길이의 확대 기구를 짜넣은 미터 학습기 등 외에, 막상막하의 채용, 실시를 다하고 있다.

- 흉내가 새로운 연구를 낳는다

완구나 교재는 특히 조작성이 어린이에게 인기가 없으면 제품으로 할 수 없으므로, 메커니즘을 잘 아는 사람의 고안이 당연 채용되는 일이 많다.

그런데, 이 그룹에서는 다른 사람이 제출한 아이디어의 일부를 이용해서, 새로운 연구 작품을 생각하는 것도 좋은 일이 되고 있다. 따라서 지금까지 메커니즘을 알지 못했던 사람들도 톱 러너의 아이디어에 감탄하고, 이용해서 잇달아 메커니즘적인 연구를 할 수 있게 되었다.

아이디어는 하나의 테마라도 열 사람이 따로따로 연구를 하면, 완전히 똑같은 것은 될 수 없으며, 열 가지의 다른 연구가 생겨나게 되는 것이다.

그것은, 같은 구조, 예를 들면 랙과 피니언의 기구를 사용하더라도, 고정되는 부분, 움직이는 부분이 다르든가, 다른 기구를 조합하는 등, 각 사람 고유의 생각이 가해지기 때문이다.

따라서 메커니즘적인 지식량이 많으면 많을수록, 발명의 바리에이션은 넓어져서, 일부가 흉내일지라도 새로운 연구가 될 수 있는 것이다.

● 발명 테마의 포착 방법

- 교재 본연의 자세

지금까지 각 기구의 작품에도 많은 학습 교재를 설명하였다.

이들의 학습 교재는, 학습 연구사의 잡지의 부록으로 개발된 것, 및 내가 주재하는 페이퍼부회(部會)하고 하는 그룹의 사람들이 고안해서 채용, 실시된 것으로, 대부분의 것은 학습 연구사에서 출원한 것이다.

교재에 한하지 않고, 무엇인가를 발명하려고 할 때에는, 무엇을 발명하는지 뚜렷한 과제가 없으면 안된다.

그러나, 그 발명의 테마의 대부분은 우리들의 일상 생활 속에 숨어 있어서, 대수롭지 않은 동기로 겨우 얼굴을 내보이는 경우가 대부분이다. 그리고, 그 찬스를 잡지 못하면 놓치고 만다.

그러면 하나의 예로, 교재의 설명과 함께 테마를 포착하는 방법에 대해서 설명한다.

교재라고 하는 것은 가르치는 재료, 바꿔 말하면 어린이와 학습 사이에 있어서, 어린이들이 기꺼이 공부하고 혹은 이해를 돕는 매개절과 같은 것이다.

또, 학습의 기본은 선생, 부모 기타 자연환경 등에서 알지 못하는 것을 배우게 되고, 그것들을 실제로 확인하고, 반복해서 몸에 익히는 것이다.

교재에는 뚜렷한 의의를 부여하는 것이 있는 것은 아니라, 학교 교재와 학습 교재의 두 개로 대별할 수 있다.

학교 교재는, 학교에서 선생이 어떤 교과를 설명할 때, 구체물을 제시하고 어린이에게 확인시키기 위해서 사용한다.

예를 들면, 1cm³의 집짓기 놀이 장난감 나무가 있는데, 그 나무를 평면적으로 늘어 놓거나 입체적으로 쌓아 올려서, 면적이나 체적을 이해시키고, 어린이 자신에게도 하게 해서 납득시킨다.

정전기(靜電氣) 발생 장치나 소리굽쇠 등의 과학 실험 용구도 이 부류에 들어간다.

학습 교재라고 하는 것은 주로 어린이가 가정에서 스스로 조작해서 이해하고, 배우고 익히는데 도움이 되는 것으로, 어린이들의 흥미를 자아내고, 본능을 부추기는 조작성, 및 그것을 행하는 것에 따라서 자연히 교과 내용으로 깊숙히 파고 들어가는 요소를 기대할 수 있다.

이들이, 학습 잡지의 부록이 되거나, 교육 완구로서 완구점 가게 앞에 늘어놓이게 된다. 또 유아의 지적 향상이나 능력 개발을 도모하는 장난감을 지육(知育) 완구라고 부르는데, 이것도 일종의 학습교재라고 할 수 있을지도 모른다.

- 교재 테마의 포착 방법

그러면, 교재의 테마는 어떻게 해서 포착하느냐 하면, 누구나 어린이 무렵 선생이나 부모로부터, 해서는 안된다는 행위를 해서 설교를 들은 일이 있었을 것으로 생각된다.

설교는, 본래 종교상의 가르침(教義)을 듣는 일로, 그 가운데에는 고마운 가르침이 많이 포함되어 있는 것이지만, 듣고 있는 쪽에서는 달갑지 않은 친절로 따분해 하는 일이 많다.

또, 선생이나 부모의 설교에도 여러가지가 있는데, 텔레비전을 너무 많이 본다든가, 일상 생활의 버릇이 나쁘다는 등 자질구레한 일을 낱낱이 헤아리는 어머니의 푸념이 되면, 오히려 어린이들에게 반항심을 일으킬 뿐이고, 아무런 도움이 되지 못한다.

어린이의 대뇌 활동에는 기분 좋은 적절한 자극이 주어져야 비로소 쾌조해지는 것이므로,「야단치지 말고」숙제나 예습, 복습을 한다는 것으로는 몸에 밴 학습은 될 수 없다.

태어나서 몇 개월된 어린아기에게 엄마, 엄마라고 이야기를 하며, 말을 기억시키려고 하는 어머니의 애정이라든가 근기가, 어느 연대가 되면 잔소리나 푸념이 되고 만다.

그런데 발명의 세계에서는, 이와 같은 자기의 뜻에 반(反)한 현상이 일어났을 때, 어떻게 하면 마음 먹은대로 할 수 있는가를 생각하면, 발명을 할 수 있다고 한다.

그러므로 어린이와의 매일의 접촉에서 잔소리를 하고 싶다. 설교를 하고 싶다고 하는 생각이 행위로 나오게 되면, 그 행위를 자기의 머리 속에 기록해 두고 행위를 역전시키는 테마로 하는 것이다. 그 장소에서 바로 테마와 결부하지 않는다고 하더라도 잔소리를 하는 것보다 더 좋은 효과가 나오는 것은 틀림없다.

● 메커니즘 발명을 생각하는 체크 리스트

● 메커니즘 발명의 금언

발명은 움직이는 장치의 새로운 짜임새를 발견하는 것이라고 해서, 나는 언제나 디젤 엔진의 아버지라고 불리며, 기구학(機構學)의 대가였던 아사카와(淺川權八)선생의 말을 인용한다.

선생은 많은 특허 발명을 가지고 있으며「벌이가 되는 발명을 하려고 생각하면, 목적을 머리 속에 새겨두고, 특허 공보에서 그것에 사용될 수 있는 것을 찾아서, 그것들을 유효하게 짜맞추는 것이다」라고 했다고 한다.

이 말은, 발명가에게는 대단히 중요한 금언인 동시에, 움직이는 것을 연구할 때에는 이 말을 그대로 실행해 보는 것이다.

그러기 위해서는, 목적으로 하는 움직임, 원동력, 짜임새를 늘어놓은 다음과 같은 체크 리스트를 만들어서 생각하는 것에 대한 방침을 확실하게 결정해서 출발하는 것이 가장 좋은 방법이다.

● 목적, 원동력, 기구

① 목적으로 하는 움직임 …… 어떠한 움직임을 시킬 것인가.
○ 평면 운동
  회전한다. 개폐한다. 접동한다. 요동한다. 왕복한다. 도약한다. 비행한다. 주행(走行)한다. 보행한다. 발음(發音)·발광(發光)한다.
○ 나선 운동
  회전 상하한다. 회전 전후진한다. 선회(旋回)한다. 사행(蛇行;지그재그)한다.
○ 구면(球面) 운동
  직진한다. 곡진(曲進)한다. 사행(지그재그)한다.
② 원동력 …… 움직이는 힘은 무엇으로 할까.

인력. 중력(重力). 구르는 힘. 평형(平衡)하는 힘. 마찰력. 풍력(風力). 유수(流水)의 힘. 분출하는 힘. 탄발력(彈發力). 자석·전자석의 힘. 전기의 힘(모터). 엔진의 이용.
③ 기구(機構) …… 움직이는 구조는 어떤 것이 좋은가.
벨트와 풀리. 마찰바퀴. 기어. 흔들이. 무거운 추와 회전축. 자이로스코프. 밸런스. 변위의 확대. 축소. 크랭크. 평행 운동 기구. 링크. 클릭과 래칫. 캠. 제네바 스톱. 에스케이프먼트. 나사. 용수철.
이상 외에 만드는 재료도 생각에 넣으면 더욱 구체적으로 된다.

● 체크 리스트의 시행

이 체크 리스트에 의해서 발명하려고 하는 것의 움직임, 원동력, 기구에 각각 ○표를 표시해 두고, 목적하는 움직임을 시키려면, 어떠한 동력으로, 어떠한 기구가 있는가를 조사해서 짜맞추는 것이다.

예를 들면, 앞에서 말한 마키지마씨의 인형을, 결과부터이기는 하지만, 이 체크 리스트에서 골라내 보자.

1. 어떠한 움직임을 시킬 것인가. 목을 흔들고 팔을 아래위로 움직이게 하고 싶다. 이 운동은 「요동」이다.
2. 무엇으로 움직이게 하는가. 동력은 전기 모터를 사용한다(샤워의 동력을 나누어서 사용한다고 하는 것은 이 인형의 중요한 아이디어이다).
3. 다음으로 회전운동에 의해서 요동시키는 구조에는 어떠한 것이 있는가를 조사한다.

기어, 크랭크, 캠, 흔들이 등이 발견된다. 그러나, 목과 양팔의 세 군데를 움직이는데 기어로는 몇개의 기어를 사용해야 한다.

그래서, 크랭크이거나 캠이 좋을 것이라는 방침이 결정된다.

그렇게 되면, 목과 양팔의 세 곳을 요동시키는 암이 필요하기 때문에, 십자 모양을 자연 생각하게 된다. 이것을 인형의 팔·머리 부분에 관계시키면 되는 것이다.

이렇게 요동시키는 짜임새는 그림 86 (a)의 캠을 사용해도 또는 그림 86 (b)의 크랭크 풀리를 사용해도 똑같은 효과를 얻을 수 있다.

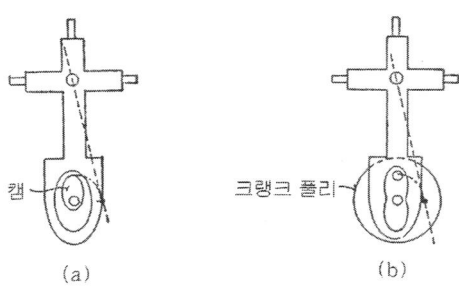

그림 86

● 발명의 프로세스

• 발명은 누구나 하고 있다

발명이라고 하는 것은 어떻게 하면 되느냐고 하는 질문을 흔히 받는 일이 있다.

나는 그럴 때면, 상대가 누구더라도 즉석에서「당신도 매일 무엇인가를 발명하고 있습니다」라고 대답한다.

그러면 상대쪽 사람은 대체로, 나는 아무것도 …… 라고 곤혹스런 얼굴을 하고 당황한다.

그래서「엔진이나 벨 등 대발명가가 한 발명만이 발명은 아닙니다. 우리들이 일상 생활 속에서 신변 가까이에 있는 젓가락이나 밥공기, 신발이나 짚신 등 모두 누군가가 발명한 것으로, 대발명에 뒤지지 않고 우리 생활에 도움을 주고 있습니다.

우리들 인간에게는 희로애락의 감정이 있어서 불만이나 실패를 하면 화를 내거나 슬퍼하고, 생각한대로 일이 잘되면 기쁨이나 즐거움을 느낍니다.

그리고 마음에 들지 않는 것은 없애고 싶다. 기쁨이나 즐거움은 좀더 크게 하고 싶다고 생각할 것입니다.

그 기분이 이미 발명한 것입니다. 바꿔말하면 발명이란, 자기의 기분을 이렇게 하고 싶다고 하는 방향으로 솔직하게 실행하는 것입니다」라고 말한다.

따라서 발명이라고 하는 것은 별로 특별한 행위를 하는 것은 아니고, 희로애락의 원인을 확실히 의식해서, 어떻게 하면 원인을 제거할 수 있을까 또는 성장시킬 수 있는가를 생각하면, 언제라도 또 누구에게나 할 수 있는 것이다. 아니 언제나 누구나가 다 하고 있지만, 발명을 하고 있다고 생각하지 않을 뿐인 것이다.

● 자연류 발명술(自然流發明術)

예를 들어 말하면, 여름철 날씨가 더우면 누구나 다 겉옷을 벗고, 그래도 더워서 땀을 흘리면 손수건으로 땀을 닦아 내고, 서늘한 바람이 불어 주었으면 하는 생각을 하고, 부채를 부치며, 인공적으로 바람을 만드는 선풍기를 생각하게 된다. 게다가 온도가 내려가면 좋을 것이라고 생각한 쿨러가 발명되었다.

또, 그 반대로 추우면 스웨터나 오버코트를 입고, 실내에서는 온도를 높이려고 스토브나 히터를 생각하였다.

더구나, 그와 같은 옛 선조들이 생각해 낸 편리한 발명품을 사용하고 있으면서도, 인간은 사치스럽고 게으르기 때문에, 이러니저러니하는 불만이 생겨서, 그것을 해결하기 위해 또 발명을 하고는 한다.

그러므로 발명을 하자! 라는 등으로 허세를 부리지 말고, 언제나 자기의 기분에 대해서 솔직한 대답을 하면, 다음에는 새로운 발상이 나오게 된다.

발명의 극단적인 의견은, 자연류 발명술이다.

● 두뇌의 전환

● 생각하는 것을 습관으로

희로애락의 감정을 확실히 의식하고, 그들의 원인을 없애야겠다. 또는 크게 해야겠다는 생각을 언제나 할 수 있게 하려면, 약간 두뇌를 전환시켜야 할 사람도 있다.

많은 사람들 가운데에는, 무슨 일이라도 그렇다, 아니다, 할 수 없다, 라고 긍정하거나, 체념하는 사람이 있다.

그러한 사람은 머리가(생각이) 완고하기 때문에, 머리를 부드럽게 하는 연습을 해서, 바로 다음 생각으로 옮길 수 있는 습관을 갖도록 유의하기 바란다. 이것은 타고난 것이 아니므로, 계속해서 연습을 하면 짧은 시간에 습관이 된다.

어떠한 연습 방법이 있는가 하면, 창조공학(創造工學)이라고 하는 학문까지 있으며, 세계 중의 선생들이 브레인 스토밍, 체크 리스트법, 고든법 등, 여러가지 사고법을 발표해서 사용되고 있는데, 그것들은 많은 책에서 설명되어 있으므로 설명은 생략하고, 내가 제창하고 있는, 혼자서도 할 수 있는 방법을 두셋 설명한다.

● 발상(發想) 연습은 5감(五感)으로부터

첫째는, 「5감으로부터의 연상」이라고 하는 것이다. 인간에게는 시각·청각·후각·미각·촉각의 5감이 있으며, 이것이 뇌에 전달되어 사고, 행동을 일으키게 된다.

이 5감의 어느 하나를 테마로 해서 연상을 일으킨다. 예컨대 시각을 예로 들면, 시각으로 느끼는 표현은, 모양이나 색, 아름답다, 더럽다 등 보는 물체나 현상이 여러가지가 있다. 그 가운데의 하나인 「모양」을 테마로 해서 관련이 있는 것을 다음과 같이 발언하는지 기록해 간다.

모양-둥글다-3각-4각-다각 …… 다시 둥근 것에서 원판-반지-경화(硬貨)-밧줄에 매달린 고리 …… 등 조금이라도 연결성이 있는 것을 연상해 나간다. 처음으로 했을 때에는 바로 30이나 50은 생각할 수 있으므로, 나에게도 생각하는 힘이 있다고 하는 자신을 가질 수 있다.

● 사용 용도를 바꾸어 본다

두 번째는「용도 변경법」인데, 나무 젓가락, 고무 밴드, 3각자, 재떨이 …… 등 무엇이든 좋다. 신변 가까이에 있는 물건을 보고, 그 자체 본래의 용도 이외에 무엇으로 사용할 수 있는가에 대해 생각한다.

모양이나 재질, 크기 등 마음대로 바꿔도 된다. 실용할 수 있는지 없는지에 대해서도 생각할 필요는 없으며, 엉뚱한 것일수록 좋다.

예를 들면 재떨이로 인형의 풀, 부부싸움 때의 던지는 기구 등이 나온다면 더할 나위 없다.

이와 같이 하나의 물건에 대해서 20에서 30정도 생각해 낼 수 있다고 하면, 발상 연습(發想練習)도 OK이며, 생활 속에서 폐물로 버리려고 생각한 물건이, 이것에 사용되고, 저것으로 사용할 수 없는지 등으로 모두 생생하게 되살아나게 된다.

● 무엇이라도 비교해 본다

세 번째는「비교법」이라고 하는 것인데, 이것은 같은 종류의 물건으로, 모양이나 재질 등이 조금 다른 것을 두 개 준비하고, 물건의 내용, 취급 등 세밀하게 나눈 항목을 될 수 있는 한 많이 써서 비교해 가는 방법이다.

예를 들면, 100원짜리 라이터와 값비싼 전자 라이터를 비교해 보면, 디자인·도양·색·가스·돌의 교체, 불이 붙는 상태, 무게 …… 등의 항목을 쓰고, 각 항목에 자기가 좋다고 생각하는 쪽에 ○표를 표시해 나간다.

그렇게 하면 A, B 2개의 라이터 외에 ○표만으로 만드는 C라고 하는 라이터가 생긴다. 이것은, A, B의 라이터보다 좋은 라이터이기 때문에, C라고 하는 라이터를 발견한 것이 된다.

이 방법을 다른 물건으로 몇번 하고 있으면, 이번에는 2개의 것을 비교하지 않더라도, 그 물건의 뛰어난 점이나 결점을 분간할 수 있게 되어, 발명거리를 발견할 수 있다.

이 세 가지 방법 가운데 어느 것이라도 좋으므로, 통근열차에 타고 있는 몇십 분, 욕조에 몸을 잠그고 있는 몇분간이라도, 무엇인가를 테마로 해서 반복해 가면, 날이 갈수록 생각해 내는 수가 늘어가게 된다.

그것이 머리가 부드러워진, 다시 말해서 융통성이 생긴 증거이다.

● 영구 운동에의 도전

• 영구운동을 생각하는 사람

지금까지 설명한 것처럼 여러 가지 구조가 있으며, 왕복의 빠르기가 다른 급속귀환 기구 등을 보면, 그렇다면 외부로부터 아무런 동력도 주지 않고 영구히 움직일 수 있는 장치도 가능한 것은 아닐까, 하고 시도해 본 사람은 옛날부터 많이 있었다.

우리들에게 해온 발명 상담에도, 「이러한 장치를 생각했습니다. 이것으로 에너지의 걱정도 공해도 없는 동력을 얻을 수 있습니다. 나는 이 발명에 20년이나 걸려서 겨우 여기까지 온 셈입니다.」라고 영구운동을 가지고 오는 사람이 한 해에 두세 사람 있다. 그래서, 나는 영구운동은 머리가 좋은 사람이 잘 생각하는데, 시작(試作)해서 실험해 보았는지요, 혹시 아직 안했다면 실험해 보세요, 라고 적당히 거절한다. 물론 대부분의 사람들은 시작도 실험도 하지 않았다, 머리 속에서만 영구히 움직일 것이라고 믿고 있는 것이다.

• 아르키메데스의 양수기

그림 87는 아르키메데스(기원전 3세기 무렵)가 생각해 낸 영구기관(永久機關)인 양수기이다.

한가운데에 1개의 굵은 나사막대가 있고, 아래쪽은 물에 잠겨 있다.

영구 운동에의 도전   151

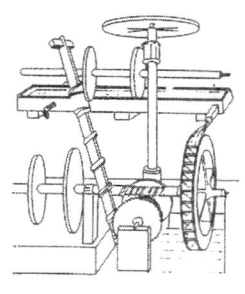
그림 87

나사막대가 돌면 나사의 회전에 의해서 물이 올라가서 위쪽에 설치한 탱크에 퍼올려진다.

탱크에 괸 물은 한쪽 출구에서 흘러 떨어져서, 그 밑에 설치된 물레방아를 돌린다.

다시 물레방아의 축에 설치된 기어로 나사막대를 돌리는 구조이다.

아래의 웅덩이와 탱크에 물을 넣어두면, 나중에는 영구히 운동을 계속할 수 있다는 것이다.

그러나 실제로는 잘 될 까닭이 없다.

이 밖에, 여러가지 장치의 영구기관도 있으며, 일견 잘 될 수 있을까 하고 생각했던 것도 있으나, 모두 불가능한 것은 말할 것도 없다.

1840년 헬름홀츠라는 사람이 「운동 에너지와 위치 에너지의 합은 일정하다」라고 한 에너지 보존의 법칙을 확립한 후, 그것이 불가능하다는 것이 증명되었으며, 물리학의 소양이 없는 사람이라면 모르거니와, 영구운동의 구조를 생각하는 사람은 거의 없다.

우리들도 시간과 수고를 헛되이 하지 않기 위해서, 영구운동에는 도전하지 않아야 할 것이다.

● 뇌의 지점

• 생각하면 만든다

칸트는 「손은 겉에 나타난 뇌이다」라고 말하였다고 한다. 또 발명은 손으로 만들어진다고 말한 사람도 있다.

발명은 머리로 생각하는 부분도 있지만, 생각이 떠오르면, 생각을 바로 손으로 만들어서 실행하는 것이다. 그것은 머리 속에서 생각한 것만으로는 과연 생각한 대로 조립되는지, 움직이는지, 효과가 있는지가 모두 「될 것이다」라는 상상이어서, 확인할 수 없기 때문이다.

종이든 나무든 마침 그 자리에 있는 소재로 뇌의 지점에 만들게 해보면, 조립의 조잡함이나 움직이지 않는 부분을 확실히 알 수 있다. 만약 불비한 점이 나오더라도, 손으로 만들고 있을 때에는 손바닥이나 손가락이 적당한 자극을 받으므로써, 머리의 작용도 좋아져서, 바로 이렇게 하면 된다는 다른 생각이 떠오르게 된다.

• 발명에 돈을 쓰지 말라

그리고 또 하나. 발명은 처음에는 즐거운 상태에서 하지만, 자꾸 할 수 있게 되어 좀 좋은 것이라고 생각하게 되면, 선인들의 돈벌이가 된 이야기가 귀에 들어와, 나도 …… 혹시 …… 하는 욕심이 생기게 된다.

오래된 옛말이지만 「너구리 보고 피물(皮物)돈 내어 쓴다」식으로, 이것으로 얼마 벌 수 있으니까 이 정도의 돈은 사용해도 된다는 생각으로 시작(試作)이나 출원(出願)에 돈을 사용한다.

게다가 이것을 스스로 물건으로 만들어 팔아 보자는 등으로 생각한다.

이러한 생각은, 이른바 발명 빈곤을 만드는 첫째 원인이므로 그만두기 바란다. 아무리 훌륭한 발명이라도, 제작에 경험이 없고, 판매 루트도 갖지 않은 문외한이 만들거나 팔거나 하는 일에 성공할 리 없으며, 많은 선배들도 대부분 실패를 보고 있다.

• 특허의 공부

조금 이야기의 줄거리가 비약하고 말았는데, 이와 같은 욕심이 생기게 되는 것은 발명력이 진전된 증거이므로, 다음은 특허에 대한 공부를 해야 한다.

발명과 특허는 떨어질 수 없는 차의 양바퀴와 같은 것으로 어느쪽이 없어도 성공을 할 수 없다.

그것은, 생각해 낸 발명을 특허나 실용신안으로 출원하지 않으면, 그 발명이 지금까지 누구도 생각한 일이 없는 새로운 생각인지, 이미 진행된 생각인지를 알 수 없으며, 또 생각을 다른 사람에게 도난당하거나 모방을 당해도 아무 말도 할 수 없기 때문이다.

게다가 이 출원 절차를 내는 서류를 자기 스스로 만들지 못하면, 어떠한 생각이 특허를 받는지, 실용신안의 허가를 얻을 수 있는지 판단이 서지 않으므로, 아이디어의 향상에 이어지지 않을 뿐더러, 비용도 들고, 출원이 지연되는 경우 등 많은 결함이 생기게 된다.

그 반대로 출원 서류를 자기 스스로 만드는 것은 자기의 발명을 잘 이해할 수 있게 쓰기 때문에, 쓰고 있는 동안에 다른 발상이 떠오르는 일이 있다.

아인슈타인 박사는, 새로운 이론이 떠오르게 되면, 그것을 중학생 정도의 여자 아이에게 설명해서, 이해할 수 있게 하려면 어떻게 해야 되는지에 대해서 여러가지로 생각했다고 한다.

발명도 자기만 알고 있다면 세상에 내 놓을 수 없기 때문에, 자기의 발명을 알기 쉽게 설명해서, 우선 국가에게 새로움을 인정받고 다시 대중에게 알아 줄 것을 바란다면, 이 서류 작성의 연습은 큰 역할을 하는 것이다.

● 발명의 실습도장

• 일요 발명학교

발명은 혼자 책상을 향해서 생각하는 것보다, 몇 사람이 그룹으로 시끄럽게 떠들면서 하는 것이 좋다. 또 언제나 자신을 발명의 장소에 두는 것이 발상을 촉진하는 최량의 방법이기도 하다.

예를 들면, 백화점 등에서 개최되는 각종 콩쿠르를 보러 간다든가, 친한 동료 몇 사람끼리 정보 교환을 한다든가, 하는 것은 자신의 기분을 발명으로 향하게 한다.

이것은 매월 몇째 일요일에 발명을 좋아하는 동료가 많이 모여서 발명에 대한 이야기를 듣는다든가, 자기가 생각한 발명 작품을 발표해서 평가를 받거나 한다.

어떤 일요 발명학교에서도, 수백엔의 입장료를 지불하면 누구나 다 참가할 수 있다.

적은 회장에서도 수십명, 많은 회장에서는 백명 이상의 남녀 노소가 모여서 열기가 꽉 차 있다.

● 특허를 배우는 세미나의 소개

• 권리를 지키는 제도

발명을 자기의 권리로 몇년 동안 인정해 주는 제도에는, 특허·실용신안·의장의 세 가지가 있다.

특허라고 하는 것은 산업상 이용할 수 있는 발명을 보호하는 것으로, 물질의 발명·물질의 생산이나 실시 방법·음식물·의료·화학 물질의 발명이 특허를 받게 된다. 앞선 생각, 새로운 생각이어야 하는 것이 요구된다.

실용신안은, 마찬가지로 산업상 이용할 수 있는 고안이며, 물품의 형상·구조 또는 조합에 관한 것에 한정되며, 새로움이나 앞선 생각은 특허보다 낮아도 된다.

또 의장은, 공업상 이용할 수 있는 물품의 형상·무늬·색채 등으로 아름다운 느낌을 느낄 수 있는 것이 대상이 되며, 창작성이 필요하다.

이상의 제도는, 어느것이나 다 출원이라는 형식으로 특허청에 신청하는 것인데, 절차의 방법, 서류를 쓰는 방법 등은 많은 책에 설명되어 있으므로 생략하기로 한다.

이들 세 가지 제도 외에, 문자나 도형, 기호 등 상품에 붙여서 사용하는, 이른바 브랜드 및 운송, 금융 등의 서비스를 업으로 하는 사람이 그 업무에 대해서 사용하는 마크가 똑같이 권리로써 보호해 주는 상표 제도라고 하는 것이 있다.

이상의 제도는 어느것이나 다 출원이라는 형식으로 특허청에 신청하는 것인데, 절차의 방법, 서류를 쓰는 방법 등은 많은 책에 설명되어 있으므로 생략하기로 한다.

알기 쉬운
기구학

2008년 3월 20일 제1판제1발행
2017년 9월 1일 제1판제5발행

편저자 박 병 규
발행인 나 영 찬

발행처 **기전연구사** ─────────

서울특별시 동대문구 천호대로4길 16(신설동 104-29)
전 화 : 2235-0791/2238-7744/2234-9703
FAX : 2252-4559
등 록 : 1974. 5. 13. 제5-12호

정가 10,000원

◆ 이 책은 기전연구사와 저작권자의 계약에 따라 발행한 것이
   므로, 본 사의 서면 허락 없이 무단으로 복제, 복사, 전재를
   하는 것은 저작권법에 위배됩니다.
   ISBN 978-89-336-0775-6
   http://www.kijeonpb.co.kr

불법복사는 지적재산을 훔치는 범죄행위입니다.
저작권법 제97조의 5(권리의 침해죄)에 따라 위반자는 5년
이하의 징역 또는 5천만원 이하의 벌금에 처하거나 이를 병
과할 수 있습니다.